耐电压测试仪
检测技术及应用

王新军　张勤　汪心妍等　编著

中国质量标准出版传媒有限公司
中国标准出版社
北京

图书在版编目（CIP）数据

耐电压测试仪检测技术及应用/王新军，张勤，汪心妍等编著．—北京：中国质量标准出版传媒有限公司，2020.1

ISBN 978 - 7 - 5026 - 4743 - 8

Ⅰ.①耐⋯　Ⅱ.①王⋯　②张⋯　③汪⋯　Ⅲ.①电压测量—测试仪表—检测　Ⅳ.①TM933.2

中国版本图书馆 CIP 数据核字（2019）第 205977 号

内 容 提 要

本书共分六章，介绍了安规基础知识，详细阐述了耐电压测试仪测量原理、分类、主要技术参数及误差公式、准确度等级与技术参数的关系，重点介绍了耐电压测试仪的检定与检测方法。另外还对产品安全性能测量知识及产品安规测试工作站的有关知识进行了介绍。

本书主要供计量部门、电力系统、耐电压测试仪制造厂等各行业的耐电压测试仪计量人员、计量监督管理人员、产品研制者及大专院校相关专业的师生阅读和参考。

中国质量标准出版传媒有限公司
中 国 标 准 出 版 社　出版发行

北京市朝阳区和平里西街甲 2 号（100029）

北京市西城区三里河北街 16 号（100045）

网址：www. spc. net. cn

总编室：(010) 68533533　发行中心：(010) 51780238

读者服务部：(010) 68523946

中国标准出版社秦皇岛印刷厂印刷

各地新华书店经销

*

开本 710×1000　1/16　印张 11.25　字数 174 千字

2020 年 1 月第一版　2020 年 1 月第一次印刷

*

定价　49.80　元

编 审 委 员 会

前　言

随着社会生产的快速发展,人们的生活质量不断提高,质量意识逐渐增强,电气产品的安全性能越来越重要。耐电压测试仪等安规测试仪广泛应用于电气产品的安全性能测试,长期以来,我国有关行政管理部门把耐电压测试仪、接地电阻测试仪、绝缘电阻测试仪、泄漏电流测试仪纳入依法管理,其中,耐电压测试仪最具有代表性。因此,耐电压测试仪产品质量的好坏不仅仅关系到生产企业是否能够取得认证,更是直接关系着电气产品使用者的生命财产安全。

耐电压测试仪属于依法管理的计量器具。1992 年,我国就颁布了《耐电压测试仪》计量检定规程,并于 2004 年和 2016 年由山东省计量科学研究院主持进行了修订。由山东省计量科学研究院主持制定的 GB/T 32192—2015《耐电压测试仪》也已于 2015 年 12 月 10 日发布,2016 年 7 月 1 日开始实施。这在促进耐电压测试仪研发生产、确定其计量特性是否符合法定要求、统一耐电压计量单位、计量监督等方面起到了重要作用。

为帮助广大计量人员深入理解和正确贯彻执行耐电压测试仪国家标准及计量检定规程,进一步提高耐电压计量技术水平,编者根据多年耐电压计量工作实践及积累的经验,并参考国内外安规计量发展动态,编写了本书。

本书对安规基础知识做了简要介绍,详细阐述了耐电压测试仪的测量原理、分类、主要技术参数及其误差公式、准确度等级与技术参数的关系,重点介绍了耐电压测试仪的检定和检验,另外还对产品安全性能测量知识及产品安规测试工作站的有关知识进行了介绍。在附录中收录了有关论文、JJG 795—2016《耐电压测试仪》和 GB/T 32192—2015《耐电压测试仪》,以便读者参考。

本书力求简明扼要和理论联系实际,期望其对广大耐电压测试领域计量人员提高计量技术水平有所帮助。

本书第一章由罗力生、王晓俊、安平编写,第二章由赵永杰、李道民、赵燕编写,第三章由汪心妍、曹瑞基及景军编写,第四章由王新军、张勤及汪心妍编写,第五章由张勤、王新军、徐春龙编写,第六章由陈伟春及王晓臣编写。王新军和张勤负责全书的统稿并对有关章节进行了修改和补充。

山东省计量科学研究院林振强、中国计量科学研究院邵海明对书稿进行了审定,并提出修改意见;中国标准出版社李素琴等提供了大力支持和帮助,在此一并表示衷心感谢。

受编者水平所限,书中不当之处在所难免,恳请读者不吝赐教。

编著者

2019 年 7 月

目 录

第一章　安规基础知识

第一节　概　述

一、什么是安规

"安规"是我国的习惯说法,国外一般叫作"regulatory"。简单地说,安规就是产品认证中对产品安全的要求,应当叫作安规认证才对。有人把安规定义为安全规格,这并非真正意义上的安规。

一般地,每一个国家都可以制定本国的电气安全标准。目前,大多数厂商都使用 IEC(International Electrotechnical Commission,国际电工委员会),VDE(Verband Deutscher Elektrotechniker,德国电气工程师协会),UL(Underwriters Laboratories,美国保险商试验所)和 CSA(Canadian Standards Association,加拿大标准协会)的标准。

安规检测的目的主要是用来防止电击、失火、机械、热、辐射、化学品等对人体造成的伤害。安规分为很多部分,如产品相对于人的安全要求,产品相对于环境的安全要求,有的可能同时包含两大部分的安全要求。安规认证包含了美系和 IEC 系两大产品认证体系。美系以 UL 和 CSA 为代表,IEC 系以 CB 体系(电工产品合格测试与认证的 IEC 体系)为总方向,最有名且最具影响力的是 CE 认证(欧盟安全认证)。相关各标志图例见图 1-1-1。

CB 体系是 IECEE(国际电工委员会电工产品合格测试与认证组织)建立的一个国际体系,IECEE 各成员国认证机构以 IEC 标准为基础对电工产品安全性能进行测试,其测试结果即 CB 测试报告和 CB 测试证书在 IECEE 各成员国得到相互认可,目的是为了减少由于必须满足不同国家认证或批准准则而产生的国际贸易壁垒。CE 认证中的 CE 是法语的缩写,即欧洲共同体。欧共体 1985 年 5 月 7 日的(85/C136/01)号《技术协调与标准的新方

（a）IEC 标志图例

（b）VDE 标志图例

（c）UL 标志图例　　　　（d）CSA 标志图例　　　　（e）CE 标志图例

图 1-1-1　安规相关标志图例

法的决议》中"主要要求"有特定的含义，即只限于产品不危及人类、动物和货品的安全方面的基本要求。

二、安规测试的重要性

许多由电击引起的伤害都是由电子产品的绝缘性差或产品的接地安全系统失效造成的。比如当一个人站在潮湿的车库地面上使用没有接地的电钻时，或者一个主妇在使用洗衣机时接触到未接地线的洗衣机时，如果这些电器产品没有良好的绝缘，人体可能会为这些电器充当了接地的路径，从而产生被电击的危险。正如为消费者或工业企业生产产品的制造商所说：我们不能阻止消费者使用不接地的系统，我们只能警告他们这样做有危险，但是我们必须阻止有漏电危险的产品离开工厂。

为了保护消费者，厂家需要完成几种类型的安规测试，以确保产品符合产品的结构、性能和工艺规范等方面的工业标准。但是对于所有的应用电器产品，只有一种测试——介电强度测试或称耐电压测试，是必须做的。对于绝缘测试，厂家出于另外的原因不仅要阻止不合格组件被安装到产品里，而且必须在零部件安装之前及时发现生产线上的工艺缺陷，及早将有瑕疵的产品检测出来，以确保生产品质。因此，许多厂家会更积极地使其生产测试流程符合 ISO（国际标准化组织）要求，在产能提升的同时做好品质的把关，达到质、量并重。也有一些厂家，消极地将安规测试的作用理解为保护其自身且避免承担产品责任。然而,不管是积极或消极都只有一个最终目的,就是保护使用者的安全。

第二节　安规认证简介

一、几种主要安规认证

(一) 3C认证

3C认证的全称为"中国强制性产品认证制度"。它是我国政府按照世贸组织有关协议和国际通行规则,依法对涉及人类健康安全、动植物生命安全和健康,以及环境保护和公共安全的产品实行的统一的强制性产品认证制度。

作为国家安全认证(CCEE)、进口安全质量许可制度(CCIB)、中国电磁兼容认证(EMC)三合一的"CCC"权威认证,是我国与国际接轨的一个标志,有着不可替代的重要性。

2001年12月3日国家质量监督检验检疫总局对外发布了《强制性产品认证管理规定》。国家认证认可监督管理委员会统一负责国家强制性产品认证制度的管理和组织实施工作。

我国3C认证从2002年5月1日(后来推迟至8月1日)起全面实施,原有的产品安全认证和进口安全质量许可制度同期废止。值得一提的是,2018年6月11日国家市场监督管理总局、国家认证认可监督管理委员会发布了《关于改革调整强制性产品认证目录及实施方式的公告》,部分产品不再实施强制性产品认证管理,同时对部分产品增加了自我声明评价方式。

国家强制性产品认证制度的主要特点是:国家公布统一的目录,确定统一适用的国家标准、技术规则和实施程序,制定统一的标志标识,规定统一的收费标准。凡列入强制性产品认证目录内的产品,必须经国家指定的认证机构认证合格,取得相关证书并加施认证标志后,方能出厂、进口、销售和在经营服务场所使用。

2001年公布的《第一批实施强制性产品认证的产品目录》规定了对列入目录的电线、电缆、开关、低压电器、电动工具、家用电器、音视频设备、信息设备、电信终端、机动车辆、医疗器械、安全防范设备等 19 类 132 种产品实行"统一目录、统一标准与评定程序、统一标志和统一收费"的强制性认证管理。此后,国家对目录多次进行调整和修订。

国家统一确定强制性产品认证收费项目及标准。新的收费项目和收费标准的制定,将根据不以营利为目的和体现国民待遇的原则,综合考虑现行收费情况,并参照境外同类认证收费项目和收费标准。

国家对强制性产品认证使用统一的标志。国家强制性认证标志名称为"中国强制认证",英文名称为"China Compulsory Certification",英文缩写为"CCC",可简称为"3C"标志。中国强制认证标志实施以后,取代了原实行的"长城"标志和"CCIB"标志。

目前的"3C"标志分为四类,分别为:

（1）CCC＋S 安全认证标志

（2）CCC＋EMC 电磁兼容类认证标志

（3）CCC＋S&E 安全与电磁兼容认证标志

（4）CCC＋F 消防认证标志

上述四类标志每类都有大小五种规格。"3C"安全认证标志图例见图 1-2-1。

图 1-2-1 "3C"安全认证标志图例

"3C"标志一般贴在产品表面,或通过模压压在产品上,目前设计的"3C"标志不仅有激光防伪,而且每个型号都有一个独特的序号,序号不重复。消费者区别真假"3C"标志的方法很简单,细看"3C"标志,会发现多个小棱形的"CCC"暗记。另外,"3C"标志最不容易仿冒的地方,就是每只标志后面都有一个随机码,每个随机码有对应的厂家及产品,认证标志发放管理中心在发放强制性产品认证标志时,已将该编码对应的产品输入计算机数据库中。消费者可通过国家认证认可监督管理委员会强制性产品认证标志防伪查询系统对编码进行查询,根据随机码即可识别产品来源是否正规。

需要注意的是,3C 认证并不是质量认证,而只是一种最基础的安全认证。

(二) UL 认证

UL 是美国的产品安全认证权威机构之一,也是全球从事安全试验和鉴定的较大的民间机构。它是一个独立的、非营利的、为公共安全做试验的专业机构。它采用科学的测试方法来研究确定各种材料、装置、产品、设备、建筑等对生命、财产有无危害和危害的程度;确定、编写、发行相应的标准和有助于减少及防止造成生命财产受到损失的资料,同时开展实际情况调研业务。总之,它主要从事产品的安全认证和经营安全证明业务,其最终目的是为市场提供具有相当安全水准的商品,为保证人身健康和财产安全做出贡献。就产品安全认证作为消除国际贸易技术壁垒的有效手段而言,UL 为促进国际贸易的发展也发挥着积极的作用。

UL 标志是美国以及北美地区公认的安全认证标志,见图 1-1-1(c)。贴有这种标志的产品,就等于获得了安全质量信誉卡,其信誉程度已被广大消费者所认可。因此,UL 标志已成为有关产品(特别是机电产品)进入美国以及北美市场的一个特别的通行证。

UL 标志分为 3 类,分别是列名、分类和元/组件认证。这些标志的主要组成部分是 UL 的图案,它们都注册了商标,分别应用在不同的服务产品上,是不通用的。

(1) 列名

UL 在产品上的列名标志是表明生产厂商的整个产品的样品已经由 UL 进行了测试,并符合适用的 UL 要求。

(2) 分类

带有此标志的产品,其危险的有限范围或使用的适合范围均已经得到评定。

(3) 元/组件认证

为了加快对产品或系统的评定速度,并节省费用,对于组成不完整或性能有限制的组件,对以后用于 UL 列名或分类的产品或系统中的产品,可进行元/组件认证。在任何最终产品中使用 UL 认证的组件并不意味着该产品本身是 UL 列名的产品。

（三）VDE 认证

位于德国奥芬巴赫的 VDE 测试认证研究院（VDE Testing and Certification Institute）是德国电气工程师协会所属的一个研究院，成立于 1920 年。作为一个中立、独立的机构，它的实验室依据申请，按照德国 VDE 国家标准或欧洲 EN 标准或 IEC 国际电工委员会标准对电工产品进行检验和认证。它直接参与德国国家标准制定，是欧洲最有经验的、在世界上享有很高声誉的认证机构之一。它每年为近2200 家德国企业和 2700 家其他国家的客户完成总数约 18000 个的认证项目。迄今为止，全球已有近 50 个国家的20 万种电气产品获得 VDE 标志。在许多国家，VDE 认证标志甚至比本国的认证标志更加出名，尤其被进出口商认可和看重。

同 UL 标志一样，VDE 标志只有 VDE 测试认证研究院才能授权使用。大部分人对 VDE 测试认证研究院的认识停留在电器零部件认证上，其实除传统的电器零部件、电线电缆、插头等认证之外，VDE 测试认证研究院同样也可核发 EMC 标志以及 VDE-GS 标志。

二、UL 与 VDE 等安全标准

（一）UL 与 VDE 的安全标准的异同

UL 与 VDE 的安全标准有本质上的差异，UL 标准比较集中在防止失火的危险，而 VDE 标准则比较关心操作人员的安全，对于电源供给器而言，VDE 乃是最严厉的电气安全标准。

下面的安全件在出口时均需要有 VDE 证书和 UL 证书（美国还须外加CUL 证书）：

（1）变压器（骨架、绝缘胶带、聚酯绝缘胶带）；

（2）滤波器（骨架、绝缘胶带、聚酯绝缘胶带）；

（3）光耦；

（4）Y 电容；

（5）X 电容；

（6）PCB 材质（并包括制板黄卡）；

（7）可燃性塑胶材质（包括前面板、电源板支撑胶柱、电源板绝缘 PVC、保险管座、电源线插座 VH-3 等）；

（8）保险管；

（9）热缩套管；

（10）大容量的电解电容；

（11）各类线材。

（二）UL 与 VDE 安全标准要求的电气安全项目

1. 通用项目

（1）空间距离/电气间隙

在两个导电组件之间或是导电组件与物体界面之间经由空气分离测得最短直线距离。

（2）沿面距离/爬电距离

沿绝缘表面测得两个导电组件之间或是导电组件与物体界面之间的最短距离。

（3）抗电强度

抗电强度测试又叫电介质强度测试，是经常执行的生产线安全测试。实际上，表明它的重要性是每个标准的一部分。抗电强度测试是确定电气绝缘材料足以抵抗瞬间高电压的一个非破坏性的测试。它适用于所有用电设备，是为保证绝缘材料绝缘程度足够的一个高压测试。进行抗电强度测试的原因是，它可以查出可能的瑕疵，譬如在制造过程中造成的爬电距离和电气间隙不够。

对抗电强度的要求是在交流输入与机壳之间将零电压增加到测试产品要求的高压状态时，不击穿或不产生飞弧。不同产品对测试电压要求不同。

（4）温度

安全标准对电子电器的要求很严，它要求材料有阻燃性，开关电源的内部温升不应超过 65 ℃，比如环境温度是 25 ℃，电源元器件的温度应小于 90 ℃。但一般来说，不管是 UL 认证还是 CE 认证的测试中，都是按照元器件（特别是安全器件）的安全证书所标识的耐温限值为标准。安规测试中表示温度的单位为 K（热力学温标的温度单位）。

（5）接地电阻

接地电阻测试亦称接地连续性测试。接地电阻测试必须对所有Ⅰ类产品（Class Ⅰ）进行，原因是在单一绝缘失效的情况下，机壳将变成带电体，当使用者接触的时候会被电击,所以机壳必须被可靠地连接到电源的接地点,以达到保护使用者的目的。而一旦机壳变成带电体,当人接触机壳的时候,该接地电阻将与人体并联,所以这个电阻只有在足够小的前提下,才能起到保护人的作用。接地好坏的验证就是接地电阻测试,也就是使用大电流的低电压电源加到接地回路来核实接地路径的完整性(一般是接地电阻在 100 mΩ 以下)。

接地电阻不超出产品安全标准确定的某个值则认为是符合要求的。通过测量连接在保护接地连接端子或接地触点和零件之间的阻抗来判断是否符合标准要求。一定要记住,从结构和设计观点来看,用作保护接地的导体不应该包含任何的开关或保险丝。

(6) 漏电流

漏电流也称泄漏电流。GB 4706.1—2005〔IEC 60335-1:2004(ED4),IDT〕《家用和类似用途电器的安全　第 1 部分:通用要求》对家用电器、医疗器械、工业设备等各类用电器具、设备的安全性能做了详尽的要求,其目的是保证每一种产品的设计要尽可能保证使用者及接触者的人身安全。

GB 4706.1—2005 中,单相用电器的泄漏电流测试是通过图 1-2-2 所描述的电路装置进行测试的,测试在电源的任意一极(即火线和零线)与易触及金属部件之间进行。

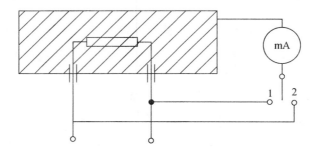

图 1-2-2　单相器具泄漏电流测试电路图

测试时,将开关分别拨到 1、2 的位置测试泄漏电流,在两个泄漏电流值中取较大的值作为该用电器的泄漏电流值。

(7) 绝缘电阻

先介绍几个基本概念:

① 基本绝缘(basic insulation)

基本绝缘是指在电器中的带电部件上,用绝缘材料将带电部件封闭起来,对防触电起基本保护作用的绝缘。如套有绝缘材料的铜、铝等金属导线。从结构上,这种绝缘都置于带电部件上,直接与带电部件接触。

② 附加绝缘(supplementary insulation)

附加绝缘是为了在基本绝缘损坏的情况下防止触电而在基本绝缘之外使用的独立绝缘。如电热毯、电热丝外包覆的塑料套管。

③ 双重绝缘(double insulation)

双重绝缘是由基本绝缘和附加绝缘构成的绝缘系统。同时具有基本绝缘和附加绝缘防触电保护作用的绝缘,一旦基本绝缘失效时,由附加绝缘起保护作用。如电视机电源线就采用双重绝缘。

④ 加强绝缘(reinforced insulation)

加强绝缘是指在 IEC 60335-1:2016《家用和类似电器的安全通用要求》规定的条件下,为提供与双重绝缘等效的防电击等级而施加于带电部件的单一绝缘。它提供的防触电保护程度相当于双重绝缘,但它是一种单独的绝缘结构,可以由几个不能像基本绝缘或附加绝缘那样单独试验的绝缘层组成。

在 VDE 标准规格中,输入端与 SELV 输出电路之间需要有 7.0 MΩ 的最小电阻值,而输入端与较容易受变动的金属组件之间则需要有2.0 MΩ 的最小电阻值,而其外施电压则为 1 min 500 V 的直流电压。

注意下面几个概念:

① 危险电压(hazardous voltage):交流峰值超过 42.4 V 或直流超过 60 V 的电压。

② 安全特低电压电路(SELV,英文"safety extra-low voltage circuit"的缩写),其定义为具有适当保护设计之次级电路,即在任意两个可能碰触组件之间或人体可能碰触到任意组件和产品的接地保护端子之间交流电压峰值低于危险电压的次级电路。

③ 特低电压电路(ELV,英文"extra-low voltage circuit"的缩写),其定义为在导体与导体之间或导体对地之间的交流电压峰值低于危险电压的次级电路。

2. 变压器电气安全项目

在 VDE 标准规格中,对于变压器的设计、制造与利用都有较严格的规定,以满足大多数其他国家的安全需求。在 UL 标准规格中,要求用在变压器结构中的所有材料必须有 94V-2 或是更好的额定值。

（1）变压器绝缘

变压器的绕组依照需求必须以绝缘材料做物理上的分隔,在绕组线上的亮漆、瓷漆或洋漆涂料,以及其他的金属组件,石棉与吸收水分的材料,在此需求的目的之内则不考虑绝缘。

（2）变压器介电强度

当使用复合层的绝缘厚度时,任何两层之间必须能够承受介电强度。测试时绝缘层接触在一起且测试电位加于外部表面。

（3）变压器绝缘电阻

绝缘用于变压器的结构中时必须在绕组之间,以及在绕组与铁心和框架金属板之间,必须有 10 MΩ 的最小电阻值,并在 1 min 内提供 500 V 直流电压。

（4）爬电距离

在设计变压器时,应保证变压器的次级绕组与初级管脚、初级绕组与次级管脚的爬电距离有 6 mm 的安全距离(可以通过增加白色的绝缘胶带宽度或全部管脚加上套管来实现),且同一极性的绕组间应有两层绝缘胶带。

3. 绝缘材料

要保证开关的防触电保护,就必须有可靠的绝缘结构,而绝缘材料的安全性又是保证绝缘结构可靠性的基础,因此绝缘材料的选用应考虑:

（1）支承、覆盖或包裹带电部分的部件,不得由于受热而危及其安全性,必须选用有足够耐热能力的材料。

（2）需要附加绝缘的,其基本绝缘或附加绝缘的厚度应至少为 0.4 mm。

（3）当加强绝缘不承受在正常工作条件和故障条件的温度下可能会导致绝缘材料变形或劣变的任何机械应力时,则该加强绝缘的最小厚度应为 0.4 mm。

（4）电线或电缆中的危险带电导体与可触及零部件之间,或者危险带电零部件与电线或电缆中和可触及导电零部件连接的导体之间的内部导线绝缘,如果由聚氯乙烯材料制成,则厚度至少应为 0.4 mm。

第三节 家用电器标准及简易 电气安规性能测试方法

一、家用电器的分类

家用电器是指用于家庭和类似家庭使用条件的日常生活用电器。

家用电器一般按用途大致可划分为以下 9 类产品:

(1) 空调器具:主要用于调节室内空气温度、湿度以及过滤空气,如电风扇、空调器、空气净化器等。

(2) 制冷器具:利用制冷装置产生低温以冷却和保存食物、饮料,如电冰箱、冰柜等。

(3) 清洁器具:用于清洁衣物或室内环境,如洗衣机、吸尘器等。

(4) 熨烫器具:用于熨烫衣服,如电熨斗等。

(5) 取暖器具:通过电热组件,使电能转换为热能,供人们取暖,如电加热器、电热毯等。

(6) 保健器具:用于身体保健的家用小型器具,如电动按摩器、负离子发生器、周林频谱仪等。

(7) 理容器具:如电吹风、电动剃须刀等。

(8) 照明器具:如各种室内外照明灯具、整流器、启动器等。

(9) 家用电子器具:家庭和个人用的电子产品。种类比较多,主要有以下几类:

① 音响产品:如组合音响、收录音机等。

② 视频产品:如黑白电视机、彩色电视机、录像机、VCD、DVD 等。

③ 计时产品:如电子手表、电子钟等。

④ 计算产品:如计算器、家用计算机等。

⑤ 娱乐产品:如电子玩具、电子乐器、电子游戏机等。

⑥ 其他家用电子产品:如家用通讯产品、电子稳压器、红外遥控器、电子炊具等。

二、家用电器安规标准概述

家用电器产品安规标准,是为了保证人身安全和使用环境不受任何危害而制定的,是家用电器产品在设计、制造时必须遵照执行的标准文件。严格执行标准中的各项规定,家用电器的安全就有了可靠保证。贯彻实施这一系列国家标准,对提高产品质量及其安全性能将产生极大影响。

安全标准涉及的安全方面,分为对使用者和对环境两部分。首先是防止人体触电。触电会严重危及人身安全,如果一个人身上较长时间流过大于自身的摆脱电流(据 IEC 报告,60 kg 体重成年男子的摆脱电流为 10 mA,妇女为其 70%,儿童为其 40%)是非常危险的。防触电是产品安全设计的重点之一,它要求产品在结构上应保证用户无论在正常工作条件下,还是在故障条件下使用产品,均不会触及带有超过规定电压的元器件,以保证人体与大地或其他容易触及的导电部件之间形成回路时,流过人体的电流在规定限值以下。据统计,我国每年因触电造成死亡的人员均超过 3000 人,其中因家用电器造成触电死亡人员超过 1000 人。因此,防触电保护是安全标准中首先应当考虑的问题。其次是防止过高的温升。过高的温升不但直接影响使用者的安全,而且还会影响产品其他安全性能,如造成局部自燃,或释放可燃气体造成火灾;高温还可使绝缘材料性能下降,或使塑料软化造成短路、电击;高温还可使带电组件、支撑件或保护件变形,改变安全间隙引发短路或电击的危险。因此,产品在正常或故障条件下工作时应当能够防止由于局部温度过高而造成人体烫伤,并能防止起火和触电。

由于家用电器产品的品质关系到安全,必须首先制定和贯彻实施安全标准。国际电工委员会(IEC)制定了安全标准,IEC 60335-1:2016 对各类家用和类似用途电器安全通用要求做出了规定。后续又在该标准基础上,根据各类家用电器的性能,制定了系列安全特殊要求标准,达到保护用户使用安全的目的。这一系列标准都是针对某一特定品的特殊安全要求,结合一定时期内各个产品的具体情况,对通用安全标准中有关章、条、款、项的内容进行了补充、增加和更换。凡在特殊安全标准中未做补充、增加和替换的章、条、款、项,应该执行通用安全标准中相应的章、条、款、项的规定,即安全特殊要求必须与通用要求配合使用。我国已将部分 IEC 的安全标准转化成了国家标准。

三、家用电器的基本安全要求

家用电器都是在通电后才能工作，而且大多数家用电器使用的都是220 V交流电，属于非安全电压。此外，有的家用电器，例如电视机本身会产生1万V以上的高压，人体一旦接触这样高的电压就会发生触电，就会有生命危险。还有的家用电器中某些元器件存在着爆炸危险，如显像管等。所谓安全性就是指人们在使用家用电器时免遭危害的程度。因此，安全性是衡量家用电器的首要质量指标。IEC 60335-1：2016中，要求家用电器必须有良好的绝缘性能和防护措施，以保护消费者的使用安全。如：规定了防触电保护，过载保护，防辐射、毒性和类似危害的措施。上述标准还规定了家用电器的设计和制造应保证在正常使用中安全可靠地运行，即使在使用中可能出现误操作也不会给使用者和周围环境带来危害。

四、家用电器安全防护

家用电器安全防护分为两大类：一类是按防触电保护方式分；另一类是按防水程度分。按防触电保护方式分如下五种：

1. O类电器

依靠基本绝缘防止触电的电器。它没有接地保护，在容易接近的导电部分和设备固定布线中的保护导体之间，没有连接措施。在基本绝缘损坏的情况下，便依赖于周围环境进行保护。一般这种设备使用在工作环境良好的场合。近年来对家用电器的安全要求日益严格，O类电器已日渐减少，老式单速拉线开关控制的吊扇是O类电器。

2. OⅠ类电器

至少整体具有基本绝缘和带有一个接地端子的电器，电源软线中没有接地导线、插头上也没有接地保护插脚，不能插入带有接地端的电源插座。老式国产波动式电动洗衣机大多是OⅠ类电器。只备有接地端子，而没有将接地线接到接地端子上，使用时由用户用接地线将机壳直接接地。

3. Ⅰ类电器（Class Ⅰ）

除依靠基本绝缘进行防触电保护外，还包括一项附加安全措施，方法是将易触及导电部件和已安装在固定线路中的保护接地导线连接起来，使容易触及的导电部分在基本绝缘失效时，也不会成为带电体。例如，冰箱都是

Ⅰ类电器。

4. Ⅱ类电器(Class Ⅱ)

不仅仅依赖基本绝缘,而且还具有附加的安全预防措施。一般是采用双重绝缘或加强绝缘结构,但对保护接地是否依赖安装条件不作规定。例如,电热毯大多是Ⅱ类电器。

5. Ⅲ类电器(Class Ⅲ)

这类电器是依靠隔离变压器获得安全特低电压供电来进行防触电保护。同时在电器内部的电路的任何部位均不会产生比安全特低电压高的电压。IEC出版物中的安全特低电压,是指为防止触电事故而采用的特定电源供电的电压系列。这个电压的上限值,在任何情况下,两个导体间或任一导体与地之间,均不得超过交流 50 Hz~500 Hz 有效值 50 V。我国规定安全特低电压额定值等级为 42 V、36 V、24 V、12 V、6 V,当电器设备采用了超过 24 V 的安全电压时,必须采取防止直接接触带电体的保护措施。目前使用的移动式照明灯多属Ⅲ类电器。

五、家用电器安全性能的简易测试方法

为了确保家用电器具有良好的电气性能,对于电热器具和电动器具要进行泄漏电流和介电强度试验。在家用电器产品标准中,一般规定要测试工作温度下的电气绝缘和泄漏电流,试验比较复杂。

为了简化,下面介绍的三种电器安全性能测试,均是在冷态、不连接电源情况下进行的。

(一) 绝缘电阻测试

家用电器产品绝缘电阻是评价其绝缘质量好坏的重要标志之一。绝缘电阻是指家用电器带电部分与外露非带电金属部分之间的电阻。随着家用电器工业迅速发展和这类产品的普及率大大提高,为确保使用者人身安全,对家用电器的绝缘质量要求也越来越严格。IEC标准规定测量带电部件与壳体之间的绝缘电阻时,基本绝缘条件的绝缘电阻值不应小于 2 MΩ;加强绝缘条件的绝缘电阻值不应小于 7 MΩ;Ⅱ类电器的带电部件和仅用基本绝缘与带电部件隔离的金属部件之间,绝缘电阻值不小于 2 MΩ;Ⅱ类电器的仅用基本绝缘与带电部件隔离的金属部件和壳体之间,

绝缘电阻值不小于 5 MΩ。

(二) 泄漏电流测试

家用电器的泄漏电流是指电器在加电压作用下通过测量得到的泄漏电流。对于各类家用电器,各国家标准也都规定了泄漏电流不应超过的上限值,产品出厂前都要进行测试。测试时施加电压为家用电器额定电压的 1.06 倍(或 1.1 倍),在电压施加 5 min 内进行测量,施加试验电压的部位是家用电器带电部件和仅用基本绝缘与带电部件隔离的壳体之间,以及带电部件和用加强绝缘与带电部件隔离的壳体之间。如果带电部件和金属壳或金属盖之间距离小于 IEC 60335-1 所规定的适当间隙时,施加试验电压的部位是用绝缘材料做衬里的金属壳或金属盖与贴在衬里内表面的金属箔之间。IEC 标准在 1982 年 10 月才确定泄漏电流测试线路,规定电热器具要测量热和潮湿状态下的泄漏电流,电动器具要测量工作温度状态下的泄漏电流。

(三) 介电强度试验

通用要求规定,电热器具在做温度和湿热试验后均要进行介电强度试验,电动器具只在湿热试验后进行介电强度试验。家用电器在长期使用过程中,不仅要承受额定电压,还要承受工作过程中短时间内高于额定工作电压的过电压的作用。当过电压达到一定值时,就会使绝缘击穿,家用电器就不能正常工作,使用者就可能触电而危及人身安全。

介电强度试验俗称耐压试验,能够衡量电器的绝缘在过电压作用下耐击穿的能力,也是一种考核电器产品能否保证使用安全的可靠手段。介电强度试验分两种:一种是直流耐压试验,另一种是交流工频耐压试验。家用电器产品一般进行交流工频耐压试验。介电强度试验受试部位和试验电压值,在各产品标准中都作了具体说明和规定。一般地说,在工作温度下,Ⅱ类电器在与手柄、旋钮、器件等接触的金属箔和它们的轴之间,施加试验电压为 2500 V;Ⅲ类电器使用基本绝缘,试验电压 500 V;其他电器,采用基本绝缘,试验电压 1250 V,采用加强绝缘,试验电压为 3750 V。除电动机绝缘外,其他部分的绝缘应能承受 1 min,正弦波、频率为 50 Hz 的耐压试验,不应发生闪络和击穿。试验开始时,先将电压加至不大于试验电压 50%,然后迅速升到试验电压规定值,并持续到规定时间。

在进行介电强度试验时,应注意下列事项:

(1) 介电强度试验必须在绝缘电阻(电动电器)或泄漏电流(电热电器)测试合格后才能进行。

(2) 试验电压应按标准规定选取,施加试验电压部位必需严格遵守标准规定。

(3) 试验场地应设防护围栏,试验装置应有完善保护接零(或接地)措施,试验前后应注意放电。

(4) 每次试验后应使测试电压迅速返回零位。

对于不同类别的家用电器,所需要进行的测试要求也有所不同,例如,对于Ⅰ类产品就必须进行接地阻抗的测试;在Ⅱ类产品的测试上就不需要,而对于介电强度测试,不同的绝缘分类等级所对应测试电压的要求也不一样。因此在进行各项安规测试之前,必须了解产品属于何种产品类别,然后再根据所对应标准要求的测试项目、测试方法、测试部位、测试参数等进行测试。

第二章　耐电压测试仪

第一节　耐电压测试仪的原理及分类

一、耐电压测试仪概述

耐电压测试仪主要用于检测和试验各种电气设备、绝缘材料和绝缘结构等的介电强度,方法是在绝缘介质上施加一个远大于其正常工作条件的电压信号,如果在规定的时间内该介质没有发生击穿,或击穿电流不超过规定的值,那么则认为该绝缘介质经受得住严酷条件下的考验,在正常工作电压下工作时应是安全的。施加电压可以是交流的,也可以是直流的,这取决于标准规范对产品的检测要求。通常情况下所施加的高电压值为被测试品工作电压值的两倍再加上 1000 V,或者波形和幅度符合不同安规标准的要求。

二、耐电压测试仪的基本工作原理

不管什么类型的耐电压测试仪,其核心的工作机理均是要产生具有一定功率的交流或直流高压信号施加于被测绝缘介质上,持续规定的时间,并检测流过绝缘体的击穿电流,通过计算击穿电流的大小来判定绝缘介质的介电强度是否符合要求。如果在规定的时间内,击穿电流没有超过设定的限值,则认为被测体的绝缘强度是合格的;相反,如果在规定的时间内,击穿电流大于设定的限值,或当绝缘体被击穿时,击穿电流会急剧增加,触发事先设定的门限而致使测试仪跳闸,停止输出高压信号,则认为被测体的绝缘强度不合格。安规中一般不规定耐压测试时击穿电流的合格范围,原因是不同的绝缘介质击穿电流大小不一,其取值通常是由测试者通过取样统计而得到的数据。

图 2-1-1 是交流耐电压测试仪的基本工作原理图,也是对上文的一个形象解释。

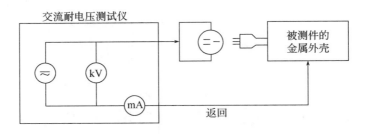

图 2-1-1　交流耐电压测试仪基本工作原理简图

三、耐电压测试仪的分类

耐电压测试仪按照不同参量的形式有以下几种分类方法。

(一)交流耐电压测试仪和直流耐电压测试仪

按照测试信号的波形可以分为交流耐电压测试仪和直流耐电压测试仪。通常在安规标准中要求使用与正常工作条件下波形相同的高电压信号施加于被测绝缘介质上,故对交流耐电压测试则会要求使用与工作电源相同频率的高压信号,50 Hz 或 60 Hz;对于工作在直流电源条件下的绝缘介质则要求使用直流耐电压测试仪。但考虑到有些绝缘体呈容性,因其交流阻抗相对于直流阻抗会低得多,使用交流耐电压测试时击穿电流会较大,故有些安规标准规定允许使用直流耐电压代替交流耐电压测试。就目前国内外的安规测试仪而言,单功能的交流耐电压测试仪很常见,但单功能的直流耐电压测试仪则很少。制造商通常会将交流耐电压和直流耐电压融合在一台仪器上。

对交流耐电压测试仪而言,按照高压信号产生的方式通常可分为自耦调压器式和功率放大式。自耦调压器耐电压测试仪原理十分简单,如图 2-1-2所示。调节自耦调压器的输出即可改变高压变压器的输入,由高压表监视高压变压器的输出,从而达到调节施加在绝缘介质上电压幅度的目的。这种仪器的优点是原理简单、性能稳定可靠、成本低廉,缺点是智能性差、负载适应性差(开环系统,存在负载调整率的问题),特别是缺乏分析功能,无法进行智能判别。

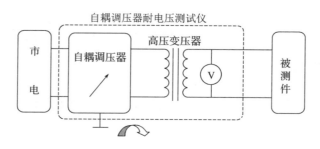

图 2-1-2 自耦调压器耐电压测试仪工作原理简图

功率放大型耐电压测试仪与自耦调压器耐电压测试仪的主要区别是其高压信号源由以下方式获得:可变频率的正弦信号(50 Hz/60 Hz)经某种类别的功率放大器放大,再经由高压变压器的升压而得到;高压信号的幅度是靠调节功放的输入来实现的。优点是智能化程度高、功能强大,只要不超过规定的电流输出能力,仪器可以自行根据负载的大小来稳定输出;缺点是原理相对复杂、稳定性和可靠性不及前者、成本较高。就功率放大型耐电压测试仪而言,还可分为线性功放式耐电压测试仪和开关功放式耐电压测试仪。

(二)模拟耐电压测试仪和数字耐电压测试仪

按照主要参数的测量方式还可分为模拟耐电压测试仪和数字(又称指针耐电压测试仪和数显/数位)耐电压测试仪。具有程控测试功能的数显耐电压测试仪可称为程控耐电压测试仪。

(三)机械升压耐电压测试仪和电子升压耐电压测试仪

由手动调压、测量电路及指示(显示)等部分组成的耐电压测试仪为机械升压耐电压测试仪。由升压(调压器或可程控功率放大器)、测量电路及数字显示等部分组成的耐电压测试仪为电子升压耐电压测试仪。电子升压耐电压测试仪输出电压时应设计成在低电压下接通内部高压变压器,开始时不大于 1/2 试验值,然后缓慢升至试验电压值;试验完成后以同样的速度降低电压回至零位才切断高压变压器电源。

(四)通用型耐电压测试仪和专用型耐电压测试仪

按照使用范围可分为通用型耐电压测试仪和专用型耐电压测试仪。常用的多为通用型耐电压测试仪,制造商通常会研究相关的测试标准和规范,调研用户的各种需求,然后根据这些需求来设计制造符合众多要求的通用型耐电压测试仪。但有些特殊的安规标准则要求特殊耐电压测试方式,如电焊机的安规标准,对于Ⅰ类防护(电源线中含接地线、外壳接大地)的电焊机进行耐电压测试时要求耐电压测试仪有两路等幅同相高压信号输出,且两路间是串联关系。

第二节　耐电压测试仪的主要技术参数

一、耐电压测试仪输出信号的参数

(一)输出电压

1. 输出电压范围

任何一种耐电压测试仪其输出电压均有范围,交流耐电压测试仪的输出电压范围通常在 $0.10\ kV\sim5.00\ kV$,直流耐电压测试仪的输出电压范围通常在 $0.10\ kV\sim6.00\ kV$。交流耐电压输出有高至 $15\ kV$ 的,直流耐电压输出则有高至 $20\ kV$ 的。

2. 输出电压的误差

输出电压的误差主要指输出电压示值与实际输出电压的误差。

另外一种定义是指耐电压测试仪的实际输出与设定值之间的误差。这种定义在世界著名的安规仪器中是常见的,比如中国台湾的华仪、日本的菊水等。

这两种定义在有些情况下是统一的,比如有的耐电压测试仪显示的输出电压恒为设定值,那么两种定义是统一的;如果耐电压测试仪显示的输出电压为其电压表的测量值,那么第一种定义是适用的。

(二)输出电压持续(保持)时间

GB/T 32192—2015《耐电压测试仪》明确规定:"输出电压持续(保持)时间设定示值与实测值之差不应超过实测值的 5%";JJG 795—2016《耐电压测试仪》规定了不同准确度等级输出电压持续(保持)时间的要求。

(三)交流输出电压的失真度

电压击穿强度或耐电压试验的最主要技术参数是试验电压,交流一般用有效值表示,直流用平均值表示。决定电压击穿的基本因素是绝缘材料能承受的最高电压或峰值电压以及电压施加的时间。因此,电压测量结果的误差除由测量设备产生的误差外,在很大程度上还取决于测量对象即被测电压发生器品质本身不确定性引入的误差。这种误差产生的主要原因是：

由变压器铁心激磁电流引起的磁饱和导致的波形失真，主要表现为二次谐波失真或峰值失真，产生的原因一般是铁心尺寸偏小或铁心材料质量差，也可以叫作原边失真。用失真度测量仪测量交流电压的失真，交流输出耐电压测试仪输出电压的失真度不应超过 5%。

在许多安规标准中通常对交流耐电压测试的信号有这样的规定——"波形基本为正弦波"。这是一个十分笼统的规定，安规仪生产商通常用失真度来衡量其产品对此要求的符合性，考虑到自耦调压器耐电压测试仪使用市电升压获取高压信号，其波形很难优于市电，故在 GB/T 32192—2015 中规定在空载和额定负荷（阻性负载）条件下，耐电压测试仪交流输出电压的失真度不应超过 5%。这是一个比较容易达到的要求，因为市电的失真度通常在 3% 左右，显然电网污染严重的地区不宜使用自耦调压器耐电压测试仪。

（四）交流输出电压的频率

对于程控式交流耐电压测试仪，交流输出电压频率的设定值和实际值之差不应超过设定值的 1%。

（五）直流输出电压的纹波

由于滤波不良产生的纹波导致测量显示的平均值电压与峰值电压的不一致，导致不能正确地用平均值电压表示实际的决定电压击穿的电压峰值。"纹波系数"可定义为纹波电压有效值与平均值之比，也可定义为纹波电压峰-峰值与平均值之比。因此，测量纹波系数有几种方法：一是按定义测量纹波系数，即纹波峰-峰值的二分之一，实现较困难；二是用交流电压表测量直流电压，可以近似测量出直流电压的纹波有效值，由于在耐电压测试仪检测中，纹波属于误差项，所以这种检测方法足够准确，是可用的。直流耐电压测试仪直流输出电压的纹波系数不应超过 5%。

（六）输出容量

在安规标准中通常会对耐电压测试仪的输出容量做出规定，特别是交流耐电压测试仪，做此规定的主要目的是：容性被测体在做交流耐电压测试时，测试仪应能够提供足够的电流。深层的解释是，由于容性被测体的交流阻抗小，如果耐电压测试仪没有足够的容量，则有可能因为其内阻上的压降过大，而导致所施加的高电压信号值不能达到规定的要求。

相对来说，因为直流耐电压测试时，当容性被测体充满电后，击穿电流会很小,所以各种安规标准对直流耐电压测试仪的输出容量很少做出规定,而且这也是安规标准推荐当被测体呈较大的容性时宜采用直流耐电压测试的缘由。

耐电压测试仪的输出容量通常用"VA"(伏安)来表示。由于不同的被测体所要求的耐电压测试仪的输出容量不同,再考虑到成本因素,所以安规仪生产商会有不同规格(输出容量)的耐电压测试仪,这是 GB/T 32192—2015 没有强制规定输出容量,而只是规定实际输出容量不应低于标称容量90%的原因。

(七)击穿电流

在我国的安规测试领域中,习惯上称耐电压测试时流过绝缘介质的电流为"击穿电流",而国际上广泛认同的名称为"漏电流"。"漏电流"的叫法更为科学一些,但"击穿电流"已被沿袭使用多年。"击穿电流"更确切的含义应为"当绝缘体被击穿时流过绝缘体的电流",显然"击穿电流"会远大于没有击穿时的"漏电流"。读者在实际的工作和学习中,只要根据具体的语言环境来判断其含义就可以了。

在 GB/T 32192—2015 中描述的"击穿报警电流"也并非指产生了真正意义上的"击穿",它也是沿袭了我国对"击穿电流"的习惯定义,所以称之为漏电流报警上限更科学一些。在实际的耐电压测试中,通常会设定一个漏电流报警上限,实测超过这个限值时通常会认为被测体有绝缘缺陷,但此时不一定发生了真正的击穿。"击穿"的确切含义为"在强电场作用下,电介质丧失电绝缘能力的现象"。

二、耐电压测试仪测量功能的参数

(一)电压测量

多数耐电压测试仪均具备显示输出电压测量值的功能,但有的程控仪器测试期间显示的输出电压恒为设定值。对于显示电压测量值的耐电压测试仪,通常采用电压表的误差来衡量,这个误差主要表征耐电压测试仪电压表头的性能。

(二)击穿电流测量

多数耐电压测试仪均具备显示击穿电流值的功能,但有的程控仪器测试期间显示的击穿电流恒为设定值。对于显示击穿电流值的耐电压测试仪,通常采用电流显示的误差来衡量,这个误差主要表征耐电压测试仪击穿电流表头的性能。

三、耐电压测试仪控制功能的参数

(一) 分辨力

数字显示耐电压测试仪的分辨力应不低于准确度等级的 1/5;对于模拟指示耐电压测试仪,2 级及以上等级的耐电压测试仪指示器的最小刻度应满足 1/100 格的要求,5 级及以下等级的耐电压测试仪指示器的最小刻度应满足 1/50 格的要求。多数安规仪生产商均对程控耐电压测试仪的测试条件(参数)给出设定分辨力,比如输出电压设定分辨力为 10 V/步进,测试时间为 0.1 s/步进,击穿电流报警上下限的设定分辨力为 0.01 mA/步进等等。

(二) 最大输出电流与短路电流

针对目前耐电压测试仪产品的进步,对耐电压测试仪最大输出电流(有关标准称最大输出电流为脱扣电流、跳闸电流、跳脱电流或击穿电流等)的下限及在输出上限时的短路电流提出了要求:交流耐电压测试仪和直流耐电压测试仪最大输出电流分别不应小于 3.5 mA 和 10 mA;最大输出电流达到 100 mA 的交流耐电压测试仪,其输出短路电流不应小于 200 mA。

(三) 测试判定

程控耐电压测试仪通常会有智能判定的功能,那么就存在判定准确度的问题,通常这个准确度是与击穿电流测量准确度相当的。

(四) 时间控制

在安规标准以及各种认证规范规定的型式试验或例行试验要求中,均对耐电压测试的时间有明确的规定。例如型式试验要求测试电压持续时间为 1 min,例行试验为 1 s,显然耐电压测试仪具备时间控制功能是十分必要的。另外安规标准中还会要求试验电压由某一起始电压(如不超过规定值的一半)开始迅速上升,而这里的迅速是一个模糊的词汇,故很多耐电压测试仪集成了"按照某一斜率(电压/时间)上升且斜率可设的功能"。这里的斜率可设主要通过设定电压上升时间来实现,甚至有的耐电压测试仪还有电压缓降的功能。

考核耐电压测试仪时间控制功能的方法是检验其定时准确度,以输出电压持续(保持)时间的准确度为考核重点。

另外耐电压测试仪计时的分辨力,也是一个重要的指标。通常情况下,多数程控耐电压测试仪的计时分辨力最低为 1 s。世界知名厂商的产品普遍可做到 0.1 s 的分辨力,这对于要求快速(比如 1 s)的生产线例行试验的准确计时有着重要的意义。

四、耐电压测试仪的安全指标

对于耐电压测试仪本身而言,也存在一个安全性的问题。在 GB/T 32192—2015 中用"绝缘电阻""抗电强度""泄漏电流"和"保护接地"四项指标来规定其安全性。

(一) 绝缘电阻

耐电压测试仪的"绝缘电阻"包括两个方面的含义:第一是指测试仪电源端子对机壳的绝缘电阻;第二是指低压端不接地的耐电压测试仪高压输出端子对机壳的绝缘电阻。

(二) 抗电强度

耐电压测试仪的抗电强度主要是用以考查耐电压测试仪本身主要带电部件与易触导电部件之间的介电强度。这里的"主要带电部件"是指仪器的电源输入,对于低压端不接地的耐电压测试仪还包括其高压输出端子。"易触导电部件"则是指仪器的机壳。一般情况下采用工频耐压试验来测试处于非工作状态下的耐电压测试仪的抗电强度,但对于在电源输入端使用了电源滤波器的测试仪,宜使用直流电压进行试验。

(三) 泄漏电流

电源进线端与机壳之间的泄漏电流按照 GB 4793.1—2007 中 6.3 的规定进行测试。

(四) 保护接地

电源输入插座中的保护接地点(电源接地端子)与保护接地的所有易触及金属部件之间的保护接地电阻应符合 GB 4793.1—2007 中 6.5.1.3 的规定,在非工作状态下进行测试。

在 JJG 795—2016 中用"绝缘电阻"和"工频耐压"两项指标来检定其安全性。

第三节 误差公式、准确度等级
与技术参数的关系

考虑到安规标准中对介电强度试验(耐压试验)电压波形的要求不高,比如交流耐电压测试要求"波形基本为正弦波",所以在 GB/T 32192—2015 和 JJG 795—2016 中分别给出了各指标的误差公式,还对耐电压测试仪本身的安全性能做了相应的要求。

一、交直流输出电压的误差及其与准确度等级间的对应关系

(一)交直流输出电压的误差

耐电压测试仪交直流输出电压的基值误差用式(2-3-1)进行计算。

$$\delta_U = \frac{U_x - U_n}{U_n} \times 100\% \tag{2-3-1}$$

式中:δ_U——输出电压相对误差,%;

U_x——输出电压示值,kV;

U_n——输出电压实际值,kV。

JJG 795—2016 还对设定电压和显示电压进行了区分。

(二)输出电压准确度等级及最大允许误差

耐电压测试仪输出电压准确度等级与最大允许误差见表 2-3-1。

表 2-3-1 输出电压准确度等级与最大允许误差

准确度等级	1 级	2 级	5 级	10 级
最大允许误差	±1%	±2%	±5%	±10%

注:通常满足 2 级及以上等级的耐电压测试仪电压范围在 6 kV 以下;5 级耐电压测试仪电压范围在 10 kV 以下;10 级耐电压测试仪电压范围在 15 kV 以下。

耐电压测试仪的产品分类方法有按显示方式、升压方式之分,对使用者而言,同样的电参数应具有同样的输出准确度和数值。目前程控耐电压测试仪的生产量越来越多,很多用户也青睐程控耐电压测试仪,但也有相当数量的模拟指示耐电压测试仪及机械升压耐电压测试仪在使用。因

此,在确定输出电压准确度时,考虑到输出一致性,兼顾两者的技术特性,GB/T 32192—2015 规定准确度等级从 1 级至 10 级。纳入 10 级主要考虑一方面是适应模拟指示测试仪和机械升压耐电压测试仪的需求,另一方面是有较多耐电压测试仪的直流输出电压准确度较低。

考虑到量值传递的可靠性、选择标准装置及标准器准确度等级的可行性,JJG 795—2016 仅规定 2 级、5 级两挡。

耐电压测试仪输出电压的绝对误差表示式见式(2-3-2)。

$$\Delta = \pm (a\% U_x + b\% U_m) \quad a \geqslant 4b, \text{取 } b = 0.1a \qquad (2\text{-}3\text{-}2)$$

式中:Δ——最大允许误差(绝对值);

  U_x——耐电压测试仪电压示值;

  U_m——耐电压测试仪电压量程的满度值;

  a——与准确度有关的系数;

  b——与满量程有关的系数。

耐电压测试仪输出电压的相对误差表示式见式(2-3-3)。

$$\delta = \pm (a\% + b\% \cdot \frac{U_m}{U_x}) \quad a \geqslant 4b, \text{取 } b = 0.1a \qquad (2\text{-}3\text{-}3)$$

式中:δ——最大允许误差(相对值)。

二、交流输出电压失真度的要求

耐电压测试仪交流输出电压的失真度不应超过 5%。这里的输出电压是在耐电压测试仪所标称"输出电压范围"之内的,或者定性极端地讲,我们不可能要求耐电压测试仪在输出电压很低(趋向于零)的情况下,其失真度也能满足"不超过 5%"的要求。故多数耐电压测试仪,特别是程控耐电压测试仪,通常会规定其输出电压的范围(例如 100 V~5000 V),或其失真度保证范围(例如 200 V 以上时的失真度<5%)。有些厂商甚至规定其仪器交流输出电压的失真度是在纯阻性负载下测得的,因为在容性负载下,是很有可能因为波形畸变而达不到要求的。

三、直流输出电压纹波系数的要求

对于直流耐电压测试仪而言,其输出电压的质量通常用"纹波系数"来衡量。这里的"纹波系数"定义为直流输出中纹波电压的有效值与直流输出电压的平均值的百分比。

耐电压测试仪直流输出电压的纹波系数不应超过 5％。类同于交流输出电压的失真度,这里的纹波系数限值也是有条件的,它也是定义在其规定的输出电压范围内的。

四、实际输出容量的要求

由变压器线圈内阻抗引起的对不同输出电流的内部电压降导致的输出电压跌落,主要表现为耐电压测试仪显示的开路电压与击穿时加在被测对象上的实际电压不一致。产生的原因一般是线圈导线线径偏小或导线材质不好,电阻率过高,叫作副边误差或输出误差,用额定容量与实际容量差表示。耐电压测试仪的容量测试一般不能在额定值下进行,因为达到额定电压或额定切断电流时耐电压仪会停止工作,瞬间测试仪击穿报警,迅速切断电压,此时的电压、电流值不能稳定,读取的值不准确。另外,在接近额定电压和额定电流的情况下操作,对人身产生不安全因素。所以,一般用半负荷法,耐电压仪的实际输出容量不得低于标称容量的 90％。标称容量 P_H 为耐电压测试仪额定输出电压 U_H 与额定击穿电流(额定输出击穿电流)I_H 的乘积。

五、击穿报警电流的误差及其与准确度等级间的对应关系

(一)击穿报警电流的误差

耐电压测试仪击穿报警电流的基值误差用式(2-3-4)进行计算。

$$\delta_I = \frac{I_x - I_n}{I_n} \times 100\% \qquad (2\text{-}3\text{-}4)$$

式中:δ_I——击穿报警电流相对误差,％;

I_x——击穿报警电流示值,mA;

I_n——击穿报警电流实际值,mA。

(二)击穿报警电流准确度等级及最大允许误差

耐电压测试仪击穿报警电流准确度等级与最大允许误差见表 2-3-2。

表 2-3-2　击穿报警电流准确度等级与最大允许误差

准确度等级	1 级	2 级	5 级	10 级
最大允许误差 $\delta_{I\max}$	$\pm 1\%$	$\pm 2\%$	$\pm 5\%$	$\pm 10\%$
注：当耐压测试仪击穿报警电流≥1 mA 时，最大允许误差为 $\delta_{I\max}$；当耐压测试仪击穿报警电流<1 mA 时，最大允许误差为 $2\delta_{I\max}$。				

　　击穿报警电流一般独立设置量程，范围很宽，从 0.1 mA～100 mA，因此用相对误差比较合理。对应 1 mA 以下击穿报警电流基值误差的要求，JJG 795—2016 以相对误差表示实际是提高了要求，而且由分辨力引起的测量结果的不确定度，数显表头明显小于指针式表头。不存在对 1 mA 以下击穿报警电流放宽要求。

　　检定击穿报警电流值的前提是电流表头指示值与设定值是一致的，这在检定过程中，即"调整输出电压至 $0.1U_H$，但不能低于 500 V。调节 R_i 的阻值，同时观察毫安表上的示值"，已经对表头进行了检测。因为耐电压测试仪做耐电压试验使用时，主要是设定在某一击穿报警电流值进行，故检定时，以设定值为击穿报警电流示值，但报警时的表头示值与设定值是相等的。JJG 795—2016 对击穿报警电流的检定适用于所有形式的耐电压测试仪。

六、输出电压持续时间误差及要求

　　耐电压测试仪输出电压持续时间的基值误差可用式（2-3-5）进行计算。

$$\delta_T = \frac{T_x - T_n}{T_n} \times 100\% \qquad (2\text{-}3\text{-}5)$$

式中：δ_T——输出电压持续时间相对误差，%；

　　　　T_x——输出电压持续时间设定示值，s；

　　　　T_n——输出电压持续时间实测值，s。

　　电压施加时间是电压击穿的关键因素。因此，耐电压测试仪施加电压持续时间的测量必须与施加电压时间严格一致，即电压施加起点为时间测量起点，电压施加终点为时间测量终点，任何提前和拖后都是不允许的。时间测量误差原则上只能由时间测量机构引起，而不允许任何由主观因素人为产生。所以，时间测量应是自动地由施加电压启动，又由施加电压终止。

规程规定耐电压测试仪施加电压持续时间允许误差限为 5%。

相关安全标准规定："在进行交流或直流电压试验时，为避免瞬态跳变，电压应在 10 s 或 10 s 以内逐渐升到规定值，然后保持 1 min。"JJG 795—2004 中尚没有类似要求。随着耐电压测试仪计量技术的不断发展，GB/T 32192—2015 中针对电子升压耐电压测试仪在研制生产中应具备耐压缓升时间这一功能，规定："电子升压测试仪输出电压时应设计成在低电压下接通内部高压变压器，开始时不大于 1/2 实验值，然后缓慢升到实验值；试验完成后以同样的速度降低电压回零位才切断高压变压器电源"。在 JJG 795—2016 中也明确规定：在定时功能检查时，"启动耐压仪电压输出，检查其是否从试验电压升到设定值时开始计时"；在电压持续（保持）时间的检定中应"当耐压仪输出电压达到稳定时自动或手动启动标准计时器，当发出切断信号时，自动终止计时"。

七、绝缘强度的技术要求

（一）绝缘电阻

GB/T 32192—2015 中对绝缘电阻的定量要求为：耐电压测试仪电源端子对机壳的绝缘电阻不应小于 50 MΩ；低压端不接地的耐电压测试仪高压输出端子对机壳的绝缘电阻不应小于 100 MΩ。这个要求是仅对高压输出低压端不接地的耐电压测试仪所做出的规定，原因十分简单，以低压端接地的交流耐电压测试仪为例做如下两方面的解释：

原因一，低压端接地，意味着低压端接机壳，由于绝缘电阻测试是用直流电压信号进行测试的，那么考查高压输出端子与机壳的绝缘电阻实际上是测量测试仪表的内阻——即测试仪输出变压器的直流内阻，而这个内阻是千欧级的，显然不能符合"不小于 100 MΩ"的要求。

原因二，高压输出低压端接地时，一旦仪器内高压输出的高压端与机壳的绝缘失效，则会造成高压输出直接短路，使得耐电压测试仪自动保护并停止高压输出。另外耐电压测试仪必须是 I 类设备（电源输入有保护接地），在上述绝缘失效的情况下，令"机壳"不带电的方法就是通过电源线的接地将其连接到类似建筑固定布线中的"接地保护导体"，使人不会因触及机壳而触电，从而得到保护。显然耐电压测试仪的可靠接地是十分重要的，而且几乎所有的安规仪生产商均会在其产品的使用说明书或使用手册中强调

"保护接地的重要性"。这也是低压端接地的耐电压测试仪免检"高压输出端子对机壳之间的绝缘电阻和工频耐压"的重要原因。

(二) 抗电强度

GB/T 32192—2015 中规定,非工作状态下在耐电压测试仪电源输入端与机壳之间施加 50 Hz、有效值 1.5 kV 的正弦波试验电压,试验电流置 5 mA 挡,历时 1 min,基本要求是试验期间"不应有异常声响,也不应出现飞弧或击穿"的现象。

对于低压端不接地的耐电压测试仪,高压输出端子对机壳之间要经受 50 Hz、表 2-3-3 中所规定的试验电压的考验,历时 1 min,要求是"不应有异常声响,电流不应突然增加,也不应出现飞弧或击穿现象"。

表 2-3-3　试验电压

测试仪输出额定电压(U_N)	$U_N \leqslant 5$ kV	$U_N > 5$ kV
试验电压有效值	$1.2U_N$	$1.1U_N$

(三) 泄漏电流

GB/T 32192—2015 中规定,非工作状态下对耐电压测试仪电源进线端与机壳之间施加 1.06 倍额定输入电压,泄漏电流不应大于 0.5 mA。

(四) 保护接地

GB/T 32192—2015 中规定,非工作状态下耐电压测试仪电源输入插座中的保护接地点(电源接地端子)与保护接地的所有易触及金属部件之间施加直流 25 A 或额定电源频率交流 25 A 有效值试验电流 1 min 后阻抗不得超过 0.1 Ω。

八、测试仪的通用技术要求

由于耐电压测试仪是一种特殊的设备,具有高压信号输出,出于安全和使用方便的考虑,GB/T 32192—2015 从通用要求、防触电保护、外观结构和标志等方面做了一些基本规定。

第三章　耐电压测试仪的检定

第一节　耐电压测试仪的测量范围及检定项目

一、测量范围

根据目前国内外各种低压电器设备、绝缘材料等抗电性能试验要求的需要，以及与有关生产厂及用户讨论，规程确定适用于额定输出电压不高于 15 kV 的数字及指针指示的交流（工频）、直流和交直流耐电压测试仪，安全性能综合测试仪的耐压部分，绝缘耐压测试仪的耐压部分的首次检定、后续检定和使用中检验；不适用于脉冲电压或音频电压输出的测试仪、电线电缆用火花试验机、电磁兼容类高压测试设备的检定。

二、检定项目

耐电压测试仪的检定工作依据 JJG 795—2016 的技术要求进行，见表 3-1-1。通过不同环节设定的检定项目，全面科学地反映出耐电压测试仪的准确度等级或误差限。

表 3-1-1　检定项目

检定项目	首次检定	后续检定	使用中检查
外观检查及功能检查	+	+	+
输出电压	+	+	+
电流	+	+	+
输出电压的持续（保持）时间	+	+	+
交流输出电压的失真	+	—	—
直流输出电压的纹波	+	—	—

续表

检定项目	首次检定	后续检定	使用中检查
实际输出容量	＋	－	－
绝缘电阻	＋	＋	－
工频耐压	＋	－	－

注:符号"＋"表示需要检定,符号"－"表示不需检定。修理后的耐电压测试仪按"首次检定"进行。

第二节　耐电压测试仪的外观要求

一、基本信息

耐电压测试仪的面板、机壳或铭牌上应包含以下的主要标志和符号:产品的名称及型号、制造厂名称或商标、型式批准证书编号、制造日期、出厂编号、准确度等级、电压范围及标称容量。

二、安全标识

耐电压测试仪高压输出端必须有明显的高压输出标志及其他必要的标志。低压端不接地的耐电压测试仪必须有明确的标志。

三、接地措施

耐电压测试仪外壳上必须有明确的接地端钮。正如前文所述,耐电压测试仪必须是Ⅰ类设备,而且除了电源输入有保护接地外,还必须要有单独的"保护接地端钮"。在仪器内部带电部件与机壳之间的绝缘失效的情况下,令机壳不带电的方法就是通过接地将其连接到类似建筑固定布线中的接地保护导体,使人不会因触及机壳而触电,从而得到保护。这要求在耐电压测试仪"电源输入保护接地"和"接地端钮"两者中至少有一个应与大地可靠连接。单独的"接地端钮"对于电源布线(如厂房建筑中的电源)没有良好接地的情况有着重要的安全意义。

四、操作性能

耐电压测试仪的各种功能开关、按键应正常。

五、高压操作

耐电压测试仪应具备高压启动键、复位键。

第三节　耐电压测试仪的功能要求

JJG 795—2016 要求耐电压测试仪具备预置功能、切断功能、报警功能、复位功能和定时功能。

一、预置功能

耐电压测试仪应具有击穿报警电流预置功能。当输出电流值超过击穿报警电流的预置值时，耐电压测试仪应能自动切断电压输出。

二、切断功能

在要求的输出电压下达到设定的电压持续（保持）时间时，耐电压测试仪应能自动切断输出电压。

三、报警功能

耐电压测试仪应具有高压输出警示。当电流值超过预置击穿报警电流值时，耐电压测试仪能够发出报警信号。

四、复位功能

耐电压测试仪复位后应切断输出电压。

五、定时功能

耐电压测试仪应具有定时功能，并具有"开启"和"关闭"的选择功能，有时间调节装置和时间指示器。耐电压测试仪从试验电压升到设定值时开始计时。

第四节　耐电压测试仪的检定条件

检定条件主要包括以下两个方面:对检定的环境要求和检定用标准器或检定装置的要求。

一、环境条件

检定的环境要求如表 3-4-1 所示。

表 3-4-1　参考条件及其最大允许偏差

影响量	参考值或范围	最大允许偏差
环境温度	20 ℃	±5 ℃
相对湿度	≤75%	—
电源电压	220 V	±10%
电源频率	50(或 60) Hz	±5%

安全条件:应配备保障检定人员安全的绝缘橡胶垫、绝缘手套,具备良好的接地设施。

二、检定装置

计量标准器应具有适当的测量范围,同时确保检定时由标准器、辅助设备及环境条件等所引入的扩展不确定度($k=2$)应不大于被检耐电压测试仪最大允许误差绝对值的三分之一。

表 3-1-1 中规定的检定项目,除第一项"外观检查及通电检查"外,均有相对应的检定设备,当然也有综合的耐电压测试仪校验装置可以完成其中的多项检定。

检定耐电压测试仪所用检定装置的最大允许误差规定见表 3-4-2。

表 3-4-2　检定装置的最大允许误差

项目名称	检定装置最大允许误差	
	2 级	5 级
输出电压	±0.5%	±1%
电流	±0.5%	±1%

续表

项目名称	检定装置最大允许误差	
	2 级	5 级
输出电压的持续（保持）时间	>20 s：±1%，≤20 s：±0.2 s；分辨力：0.01 s	
交流输出电压的失真	±1%（失真度的绝对误差）	
直流输出电压的纹波	±1%（纹波系数的绝对误差）	
绝缘电阻	1000 V：±10%；2500 V：±20%	
工频耐压	±5%	

对交流输出电压失真度的要求，即规定标准器的失真度最大允许误差为±1%，是根据标准器的不确定度小于等于被检计量器具的最大允许误差的五分之一而定的。

检定装置的最大允许误差为±1%，含义为失真度的绝对误差不超过±1%，或理解为标准器测量输出电压失真度结果的不确定度为 1 个百分点。目前失真度测量仪测量误差一般表示为各量程满度值的±5%。这是相对误差，与交流输出电压的失真度不应超过 5% 是两个不同的概念。无论用测量误差为各量程满度值的±5% 还是±10% 量程，均可测量交流输出电压的失真度，只要满足测量结果的不确定度不超过 1% 即可。纹波系数同理。

例如：选择测量误差为各量程满度值的±5% 的失真度测量仪，应选择满度值为 20% 以下的量程，因为±5%×20%＝±1%。

第五节　耐电压测试仪的检定方法

就计量器具而言，要重点控制其首次检定、后续检定和使用中检验，对耐电压测试仪也是一样的，对于上述三种不同的控制阶段，有不同的检定项目，如表 3-1-1 所示。

一、外观及功能检查

（一）外观

主要检查耐电压测试仪的基本信息、安全标识、接地措施。包括：

（1）面板、机壳或铭牌上应包含以下的主要标志和符号：产品的名称及型号、制造厂名称或商标、型式批准证书编号、制造日期、出厂编号、准确度等级、电压范围及标称容量。

（2）高压输出端必须有明显的高压输出标志及其他必要的标志，低压端不接地的测试仪必须有明确的标志。

（3）外壳上必须有明确的接地端钮。

（二）功能

为了节省时间，功能检查可以在误差检定的同时进行。

1. 预置功能

此项检查可与击穿报警预置电流的检定同时进行。先检查耐电压测试仪是否能够预置击穿报警电流。耐电压测试仪试验电压设置为$0.1U_H$，但不能低于 500 V，当输出电流值超过击穿报警电流的预置值时，检查耐电压测试仪是否能够自动切断电压输出。

2. 切断功能

此项检查可与电压持续（保持）时间的检定同时进行。耐电压测试仪试验电压设置为 $0.1U_H$，但不能低于 500 V，定时时间设置为 60 s。启动输出电压，达到设定的电压持续（保持）时间时，检查耐电压测试仪是否能自动切断输出电压。

3. 报警功能

此项检查可与设定电压的检定和击穿报警预置电流的检定同时进行。耐电压测试仪试验电压设置为 $0.1U_H$，但不能低于 500 V。耐电压测试仪输出电压时检查其是否具有高压输出警示；当电流值超过预置击穿报警电流值时，检查耐电压测试仪是否发出报警信号。

4. 复位功能

耐电压测试仪试验电压设置为 $0.1U_H$，但不能低于 500 V。在输出电压状态下，按下复位键，检查耐电压测试仪是否切断输出电压。

5．定时功能

此项检查可与电压持续（保持）时间的检定同时进行。定时时间设置为 60 s，试验电压设置为 $0.1U_H$，但不能低于 500 V。检查耐电压测试仪是否具有定时功能，并具有"开启"和"关闭"的选择功能；检查其是否具有时间调节装置和时间指示器。启动耐电压测试仪电压输出，检查其是否从试验电压升到设定值时开始计时。

二、安全试验

耐电压测试仪是检验各类低压电器、绝缘材料等抗电性能的设备，因此它本身应能承受一定的绝缘电阻及介电强度试验。

（一）试验部位

耐电压测试仪的绝缘电阻与工频耐压试验的试验部位都是两个，如图 3-5-1 所示：耐电压测试仪高压输出端子对机壳（a 部位）和耐电压测试仪电源输入端对机壳（b 部位）。其中 b 部位是必做部位；a 部位仅对低压端不接地和可外部断开接地的耐电压测试仪有要求，不可外部断开接地的和具有保护接地（图中虚线所示结构）的耐电压测试仪不进行此部位的试验。

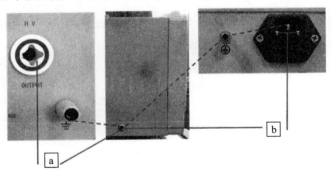

图 3-5-1　绝缘电阻与工频耐压试验

这里的"可外部断开接地"是指有的耐电压测试仪高压输出的低压端在外部与机壳连接，因此测量高压输出端与外壳之间的绝缘电阻和工频耐压强度时，应断开后进行绝缘电阻测量和工频耐压试验。不可外部断开接地的和具有保护接地的耐电压测试仪不进行此部位的试验。所谓保护接地就是耐电压测试仪的机壳与接地端钮和电源的地线连接在一起，这时如果高压输出的低压端与机壳连接即低端接地，则不需进行绝缘电阻测量和工频耐压试验。

在进行电源输入端对机壳的试验时,电源开关应置于"开"的状态,电源输入端的 LN 线应连接到一起。

(二) 绝缘电阻测量

可外部断开接地的耐电压测试仪,试验前必须先断开电压输出低端与机壳的连接。不可外部断开接地的和具有保护接地的耐电压测试仪不进行此部位的试验。

使用 2500 V/2500 MΩ 的绝缘电阻表,测量高压输出端子与机壳之间的绝缘电阻。

电源开关置于"开"的状态,使用 1000 V/1000 MΩ 的绝缘电阻表,测量电源输入线(LN 线连接到一起)与机壳之间的绝缘电阻。

(三) 工频耐压试验

用符合 JJG 795—2016 要求的耐电压测试仪,对被检耐电压测试仪进行工频耐压试验。标准耐电压测试仪击穿报警电流置 5 mA。

可外部断开接地的被检耐电压测试仪,试验前必须先断开电压输出低压端与机壳的连接。

在被检耐电压测试仪的高压输出端与外壳之间施加规定的电压,持续时间 1 min,应无击穿或飞弧现象。

电源开关置于"开"状态。在被检耐电压测试仪的电源输入端短接与外壳之间施加规定的电压,持续时间 1 min,应无击穿或飞弧现象。

三、误差检定

输出电压、电流和输出电压的持续(保持)时间是耐电压测试仪的三项主要性能指标,也是计量检定时的主要检定项目。前文对上述各项指标均给出了明确的要求,本节仅对具体的检定方法加以讨论:

(一) 输出电压的检定

耐电压测试仪输出电压误差分为设定电压误差和显示电压误差,兼顾了关注设定值和使用显示值的两种应用场合。对于程控稳压并具有电压显示的耐电压测试仪,其设定值和显示值并不一定一致,应分别进行数据记录和误差计算;对于自耦调压并具有电压显示的耐电压测试仪,其设定值和显示值来自同一显示器,故完全一致,二者的误差也是一致的。

具有交流及直流输出电压的耐电压测试仪应对交流及直流输出电压分别进行检定。

1. 检定点

对于耐电压测试仪的每一个输出电压量程均应检定,最高量程为全检量程,其他量程选点检定;设备量程满度值为 U_m,选择检定点的方法如下:

全检量程:在 $40\%U_m \sim 100\%U_m$ 范围内,均匀选取检定点(或最近刻度点),且不少于四点;

其他量程:取 $40\%U_m$、$70\%U_m$ 和 $100\%U_m$ 三点(或最近刻度点)进行检定。

规程为何规定只检定 $40\%U_m$ 及以上的检定点呢?以准确度等级 5 级、只有一个 5 kV 的量程的耐电压测试仪为例。

若被检耐电压测试仪为指针指示耐电压测试仪,满刻度指示 5 kV,一般应使被测量的值不小于仪表测量上限的三分之二,即 $U_x \geqslant \dfrac{2}{3}U_m$,此时相对误差为:

$$\delta = \frac{\Delta U_x}{U_x} \leqslant \frac{U_m}{U_x} \cdot a\% = 1.5a\% \qquad (3\text{-}5\text{-}1)$$

式中:δ——最大允许误差(相对值);

ΔU_x——电压示值变化量,kV;

U_x——电压显示值,kV;

U_m——电压量程的满度值,kV;

a——与准确度有关的系数。

即仪表的测量误差限不大于引用误差的 1.5 倍。

若用 5 kV 量程(5 级)检定 5 kV、1.5 kV 和 0.6 kV 点,相对误差分别为:

$$\frac{U_m}{U_x} \cdot a\% = \frac{5}{5} \cdot a\% = a\%,$$

$$\frac{U_m}{U_x} \cdot a\% = \frac{5}{1.5} \cdot a\% = 3.3a\%,$$

$$\frac{U_m}{U_x} \cdot a\% = \frac{5}{0.6} \cdot a\% = 8.3a\%.$$

用 5 kV 量程测量 0.6 kV 和 1.5 kV 点带来的误差远大于 5 kV 点的误差。由此看出,用只有一个 5 kV 的量程的测试仪测量 0.6 kV 点和 1.5 kV 点带来的误差太大,不能满足需求。

若被检耐电压测试仪为数字显示耐电压测试仪,电压示值的相对误差表达式为:

$$\delta = \pm \left(a\% + b\% \cdot \frac{U_{\mathrm{m}}}{U_{\mathrm{x}}} \right) \qquad (3\text{-}5\text{-}2)$$

式中:δ——最大允许误差(相对值);

U_{x}——电压示值,kV;

U_{m}——电压量程的满度值,kV;

a——与准确度有关的系数;

b——与满量程有关的系数,$b = 0.1a$。

若用 5 kV 量程(5 级)检定 0.6 kV、1.5 kV 和 5 kV 点,相对误差分别为:

$\delta = \pm(a\% + 0.1a\% \times 8.3) = \pm 1.83a\%$,

$\delta = \pm(a\% + 0.1a\% \times 3.3) = \pm 1.23a\%$,

$\delta = \pm(a\% + 0.1a\% \times 1) = \pm 1.1a\%$。

由此看出,对数字显示耐电压测试仪,用 5 kV 量程测量 0.6 kV 和 1.5 kV 点带来的误差较大。

因此,对于 JJG 795—2016 实施后生产的耐电压测试仪,应根据以上的分析在满足技术要求的前提下合理分布测量点。

如输出电压测量范围是 5 kV 或 10 kV,其内部应将量程细化,保证整个量程每一点均在最大允许误差以内,检定时只检 40% 及以上各测量点,足以覆盖所使用的测量点。

全检量程和其他量程检定点的选择,一方面是保证体现耐电压测试仪的准确度等级,合理覆盖其整个测量范围;另一方面也是考虑到数字式和模拟式测试仪误差表达的一致性。

JJG 795—2016 规定的检定点不可能完全符合对电器产品、绝缘材料的所有实验点,只要能保证将耐电压测试仪准确度等级的测量范围覆盖过来就可以了。

2. 设定电压的检定

耐电压测试仪设定电压的检定可按图 3-5-2 所示的方法进行。

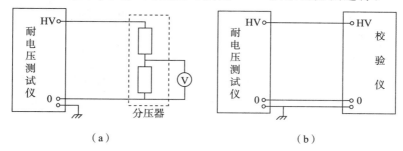

（a） （b）

图 3-5-2 输出电压的检定原理图

检定步骤如下：

（1）按图 3-5-2(a)连接线路，接好标准交流（直流）分压器、标准交流（直流）电压表，通电稳定。

将耐电压测试仪的输出电压设定为规定的检定点（或指针分别对准带有数字标记分度线），试验时读取标准交流电压表或标准直流电压表上的电压示值，输出电压测量值按公式(3-5-3)计算。

$$U_{nx} = m \cdot U_v \tag{3-5-3}$$

式中：U_{nx}——被检耐电压测试仪输出电压测量值，V；

　　　m——标准分压器分压比；

　　　U_v——标准电压表示值，V。

注1：标准电压表的最大允许误差应不超过被检耐电压测试仪输出电压最大允许误差的五分之一。

注2：标准分压器的最大允许误差应不超过被检耐电压测试仪输出电压最大允许误差的十分之一。

数字耐电压测试仪，各检定点重复测量两次，取其平均值，作为输出电压实际值；指针耐电压测试仪应分别记录上升、下降的测量数据，计算两次测量的平均值，作为输出电压实际值。

设定电压误差用公式(3-5-4)计算。

$$\delta_{Us} = \frac{U_s - U_n}{U_n} \times 100\% \tag{3-5-4}$$

式中：δ_{Us}——设定电压相对误差，%；

　　　U_s——设定电压示值，kV；

U_n——输出电压实际值,kV。

(2) 按图 3-5-2(b)接线,采用直接测量法检定,由耐电压测试仪校验仪直接读取耐电压测试仪输出电压实际值。设定电压误差用公式(3-5-4)计算。

3. 显示电压的检定

具有电压显示的耐电压测试仪,在检定其设定电压误差时,同时记录显示电压示值,显示电压误差用公式(3-5-5)计算。

$$\delta_{Ux} = \frac{U_x - U_n}{U_n} \times 100\%$$ (3-5-5)

式中:δ_{Ux}——显示电压相对误差,%;

U_x——显示电压示值,kV;

U_n——输出电压实际值,kV。

说明:为了兼容 JJG 795—2004 中的标准互感器法(见图 3-5-3),JJG 795—2016明确指出,允许采用满足第四节"二、"中要求的其他方法检定输出电压,只要标准器满足规程要求即可。

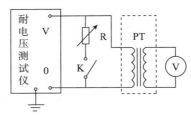

图 3-5-3 标准互感器法检定原理图

(二) 电流的检定

与输出电压类似,电流误差分为击穿报警预置电流误差和泄漏电流示值误差,并且应对交流及直流输出电流分别进行检定。但不论何种调节方式,击穿报警预置电流和泄漏电流示值并不一致,需要分别检定。击穿报警预置电流应在击穿的状态下测量,泄漏电流应在未击穿的状态下测量,不可混淆。

具有交流及直流输出电压的耐电压测试仪应对交流输出电流及直流输出电流分别进行检定。

1. 检定点

(1)击穿报警预置电流的检定点

通过按钮预置击穿报警电流的耐电压测试仪,每个预置电流点均需检定;通过电位器预置或直接预置击穿报警电流的耐电压测试仪,应在每个电流预置量程的 20%～100% 范围内均匀选取至少 3 个检定点(或最近刻度点)。

(2)泄漏电流的检定点

对于具有泄漏电流指示的耐电压测试仪,在每个电流量程的 20%～100% 范围内均匀选取至少 3 个检定点(或最近刻度点)。

2. 击穿报警预置电流的检定

耐电压测试仪击穿报警预置电流的检定可按图 3-5-4 所示的两种方法进行。

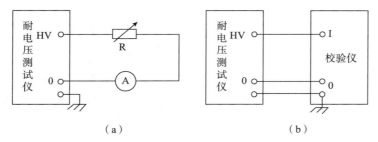

图 3-5-4 耐电压测试仪击穿报警电流值检定原理图

(1)按图 3-5-4(a)接好线路,连接耐电压测试仪、可调电阻器 R 和标准电流表;根据检定点电流按公式(3-5-6)计算可调电阻器阻值。

$$R_i = \frac{0.1 \times U_H}{I_s} \qquad (3\text{-}5\text{-}6)$$

式中:R_i——可调电阻器阻值,kΩ;

U_H——耐电压测试仪电压最大量程满度值,V;

I_s——耐电压测试仪击穿报警预置电流预置值,mA。

击穿报警电流的设定值按由小至大的顺序设置,电阻器 R 置适当值。

调整输出电压至 $0.1U_H$,但不能低于 500 V。平稳调节电阻器 R 的阻值,同时观察标准电流表上的示值,直至耐电压测试仪发出报警或切断输出电压,此时迅速读取标准电流表上的示值。每个检定点重复测量两次,取其平均值作为击穿报警电流实际值。

击穿报警预置电流误差用公式(3-5-7)计算。

$$\delta_{Is} = \frac{I_s - I_n}{I_n} \times 100\% \qquad (3\text{-}5\text{-}7)$$

式中:δ_{Is}——击穿报警预置电流相对误差,%;

$\quad$ I_s——击穿报警预置电流预置值,mA;

$\quad$ I_n——电流实际值,mA。

(2) 按图 3-5-4(b)接好线路,用校验仪直接测量击穿报警电流值。

先将校验仪功能开关置交流(或直流)电压,将耐电压测试仪也置交流(或直流)电压输出,其高压端与校验仪电压端 HV 连接,调节耐电压测试仪输出电压至 $0.1U_H$(但不低于 500 V)后,保持耐电压测试仪输出不变,切断输出。

将耐电压测试仪输出高压端接至校验仪电流端 I,用公式(3-5-6)计算 R_i,并把电流调节盘的电阻放至大于 R_i 处。

启动耐电压测试仪输出,平稳调节校验仪电流调节盘(减小电阻),同时观察校验仪上的电流示值,直至耐电压测试仪发出报警或切断输出电压,此时迅速读取校验仪上的电流示值。每个检定点重复测量两次,取其平均值作为击穿报警电流实际值。

击穿报警预置电流误差用公式(3-5-7)计算。

(3) 允许使用定值电阻,平稳调节耐电压测试仪电压输出,使电流逐渐增大至电流切断值的方法。

3. 泄漏电流的检定

按图 3-5-4 连接耐电压测试仪、负载电阻器和标准电流表或校验仪,并关闭耐电压测试仪声光报警功能。

根据电流检定点按公式(3-5-8)计算负载电阻器的阻值,检定时调整输出电压至 $0.1U_H$,但不能低于 500 V。

$$R_i = \frac{U_i}{I_x} \qquad (3\text{-}5\text{-}8)$$

式中:R_i——可调电阻器阻值,kΩ;

$\quad$ U_i——耐电压测试仪的输出电压,V;

$\quad$ I_x——泄漏电流示值,mA。

启动耐电压测试仪,输出电流稳定后读取标准电流表或校验仪上的电流示值作为测量值。数字耐电压测试仪,各检定点重复测量两次,取其平均值,作为泄漏电流实际值;指针耐电压测试仪应分别记录上升、下降的测量数据,计算两次测量的平均值,作为泄漏电流实际值。

　　泄漏电流示值误差用公式(3-5-9)计算。

$$\delta_{Lx} = \frac{I_x - I_n}{I_n} \times 100\% \qquad (3\text{-}5\text{-}9)$$

式中:δ_{Lx}——泄漏电流相对误差,%;

　　　I_x——泄漏电流示值,mA;

　　　I_n——泄漏电流实际值,mA。

(三)输出电压的持续(保持)时间的检定

　　输出电压的持续(保持)时间是输出电压在稳定阶段所经历的时间,即图 3-5-5 中 t_1 至 t_2 的时间,不包括电压上升和下降的时间。若耐电压测试仪具有设置电压缓升时间这一功能,检定时不应包含缓升时间。

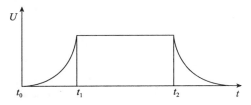

图 3-5-5　输出电压随时间的变化关系

　　大于 20 s 范围内选择至少 1 个检定点,其中 60 s 为必选点。小于等于 20 s 范围内选择至少 1 个检定点。

　　将耐电压测试仪时间控制置于定时方式。调整输出电压至 $0.1U_H$,但不能低于 500 V。按下输出"启动"健,当耐电压测试仪输出电压达到稳定时自动或手动启动标准计时器,当发出切断信号时,自动终止计时。重复测量两次,两次测量结果的平均值即为电压持续(保持)时间实际值。持续(保持)时间设定值的示值绝对误差用公式(3-5-10)计算,相对误差用公式(3-5-11)计算。

$$\Delta_t = T_x - T_n \qquad (3\text{-}5\text{-}10)$$

式中:Δ_t——输出电压的持续(保持)时间的绝对误差,s;

　　　T_x——输出电压的持续(保持)时间设定值,s;

T_n——输出电压的持续(保持)时间实际值,s。

$$\delta_t = \frac{T_x - T_n}{T_n} \times 100\%$$ （3-5-11）

式中:δ_t——输出电压的持续(保持)时间相对误差,%;

T_x——输出电压的持续(保持)时间设定值,s;

T_n——输出电压的持续(保持)时间实际值,s。

四、其他项目的检定

输出容量、纹波系数或失真度是耐电压测试仪输出能力和质量的主要性能指标,也是计量检定时的重要检定项目。前文对上述各项指标均给出了明确的要求,本节仅对具体的检定方法加以讨论:

(一)交流输出电压的失真度的检定

失真度是针对有交流高压输出功能的耐电压测试仪的检定项目,检定步骤如下:

将耐电压测试仪输出电压置于"交流"状态,按图 3-5-6 连接分压器和失真度测量仪,分压器应适当选择使输入电压在失真度测量仪允许输入电压范围内。调节输出电压至最大量程满度值 U_H,从失真度测量仪直接读取交流输出电压的失真度。测量时回路电流 I_i 不大于 1 mA。

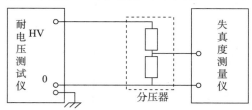

图 3-5-6　耐电压测试仪交流输出电压的失真度检定原理图

(二)直流输出电压的纹波系数的检定

纹波系数是针对含有直流高压输出功能的耐电压测试仪的检定项目,检定步骤如下:

将耐电压测试仪输出电压置于"直流"状态,并按图 3-5-7 连接分压器和交流电压表,分压器应适当选择使输入电压在交流电压表允许输入电压范围内,交流电压表的频带宽度不小于 10 kHz。调整输出电压至电压最大量

程满度值 U_H，从电压表交流挡读取电压有效值，乘以分压器分压比 m，即为直流输出电压的纹波电压有效值 U_w。测量时回路电流 I_i 不大于 1 mA。

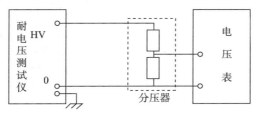

图 3-5-7　耐电压测试仪直流输出电压纹波系数检定原理图

按公式(3-5-12)计算直流输出电压的纹波系数。

$$D_{DCW}=\frac{U_w}{U_d}\times100\%\tag{3-5-12}$$

式中：D_{DCW}——直流输出电压的纹波系数，%；

　　　U_w——直流输出电压的纹波电压有效值，V；

　　　U_d——直流输出电压的平均值，V。

检定耐电压测试仪直流输出电压的纹波系数时，规定交流电压表的频带宽度是由于频带宽度过低无法测出高频的交流电压，造成测得的交流电压不能真实反映纹波电压的大小。另外，频带宽度也不需要过高而增加成本。

（三）实际输出容量的检定

JJG 795—2004 中的半负荷电压跌落法在实际工作中无法准确考核新型的程控耐电压测试仪的容量，而且没有在满负载下检定，不能完全反映耐电压测试仪的容量。JJG 795—2016 采用满负载法对耐电压测试仪进行考核，符合实际应用情况，提高了对耐电压测试仪的可靠性要求，有助于更好地提高耐电压测试仪的质量水平。

根据耐电压测试仪电压最大量程满度值 U_H 和最大击穿报警电流 I_H 计算负载电阻额定值 $R_H=\dfrac{U_H}{I_H}$。

按图 3-5-8(a)连接测量电路，耐电压测试仪输出电压最大量程满度值，读取标准电压表上的电压示值 U_v 和电流表的示值 I_n，切断输出电压，按公式(3-5-3)计算出耐电压测试仪输出电压实际值 U_n。选用的分压器输入电阻应不小于 $100R_H$（可以把分压器分流造成的对电流测量的影响控制在 1%

以内）。

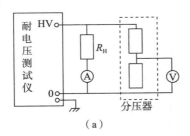 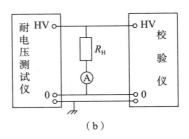

（a）　　　　　　　　　　　　（b）

图 3-5-8　耐电压测试仪实际输出容量的检定原理图

耐电压测试仪实际输出容量与标称容量的百分比用公式（3-5-13）计算。

$$\eta_P = \frac{P_n}{P_H} \times 100\% = \frac{U_n I_n}{U_H I_H} \times 100\% \qquad (3\text{-}5\text{-}13)$$

式中：η_P——耐电压测试仪实际输出容量与标称容量的百分比，%；

P_n——耐电压测试仪的实际容量，W；

P_H——耐电压测试仪的标称容量，W；

U_n——耐电压测试仪输出电压实际值，V；

I_n——电流表上的电流示值，A；

U_H——耐电压测试仪的电压最大量程满度值，V；

I_H——耐电压测试仪的最大击穿报警电流，A。

按图 3-5-8（b）连接测量电路，耐电压测试仪输出电压最大量程满度值，读取校验仪的电压示值 U_n 和电流表的示值 I_n，切断输出电压，用公式（3-5-13）计算耐电压测试仪实际输出容量与标称容量的百分比。

以一台 5 kV，20 mA 的耐电压测试仪为例。进行容量的检定时，耐电压测试仪需要接入的额定负载电阻为：

$$R_H = \frac{U_H}{I_H} = \frac{5\ \text{kV}}{20\ \text{mA}} = 250\ \text{k}\Omega$$

令耐电压测试仪输出电压为最大量程满度值，记录其输出电压和电流的实际值，分别为 5.006 kV、19.23 mA，二者乘积即为耐电压测试仪实际输出容量，则耐电压测试仪实际输出容量与标称容量的百分比为：

$$\eta_P = \frac{P_n}{P_H} \times 100\% = \frac{U_n I_n}{U_H I_H} \times 100\%$$

$$= \frac{5.006\ \text{kV} \times 19.23\ \text{mA}}{5\ \text{kV} \times 20\ \text{mA}} \times 100\% = 96.3\%$$

五、检定结果的处理

（1）耐电压测试仪误差数据修约间隔为最大允许误差的十分之一。判断耐电压测试仪是否合格，一律以修约后的数据为准。

（2）检定证书应出具实际值。

（3）被检耐电压测试仪各项要求均符合 JJG 795—2016 中相应项目的要求，则说明该仪器检定合格，否则为检定不合格。检定合格的耐电压测试仪出具检定证书，并根据检定结果，按 JJG 795—2016 的技术要求进行定级。检定不合格的，出具检定结果通知书，并注明不合格项目。各量程具有不同测量准确度时，按最低准确度指标定级。

六、检定周期

耐电压测试仪检定周期一般不超过 1 年。

第六节　500 VA 高压测试简述

一、500 VA 高压测试的需求

欧盟要求对售往欧盟市场的大多数电气产品实行安规测试。设立这些安规测试标准的目的一是保护消费者使用产品与生产人员制造产品的安全，二是就产品安全提供一套可被所有欧盟成员国所接受的安规标准。

此外，制造商需要在安全测试中进行的耐电压测试大部分依据 IEC、EN 和 UL 标准。这些参考标准规范中的一些相关条文提及输出功率需达 500 VA 的耐电压测试仪（如仪迪电子有限公司生产的 9115 或 MN0205D）。

二、500 VA 耐电压测试仪

耐电压测试仪的 VA 额定值是指其输出功率，用耐电压测试仪的最高电压乘以其最大输出电流得出，即 5000 V×100 mA＝500 VA。一些安规标准明确要求耐电压测试仪的输出需达 500 VA，或要求耐电压测试仪的跳脱电流必须为 100 mA 而短路电流至少要达到 200 mA，且要求输出电压的误差在±3％以内。但有些安规标准则有例外，例如 UL 471（商业用冰箱和冷

冻机标准,*Standard for Commercial Refrigerators and Freezers*)和 UL 484(房间空调器安全标准,*Room Air conditioners*)的要求有提及,当高电压测试设备可具体指出测试电压在测试期间可以维持,那 500 VA 或更大容量的变压器可以不需要。

在经常要求 500 VA 额定值的高压测试应用情况中,必须向高电容性负载(capacitive load)施加交流高电压测试。当电容性的被测件上施加交流测试电压(ACW)可产生电容性漏电流,这会给耐电压测试仪测量的总漏电流造成显著影响。电容性漏电流往往远大于电阻漏电流,这样的测试就会需要 500 VA 或更高容量的高电压测试设备。其原因为测量电流总和是容性漏电流和阻性漏电流的向量和($I_t = I_r + jI_c$),图 3-6-1 中被测量设备的电阻性电流(I_r)为 1 mA,电容性电流(I_c)为 10 mA,二者向量和(总电流)(I_t)为 10.05 mA。常见产生大容性漏电流的被测设备包括大电机、长电缆线和带大容性滤波设备等。

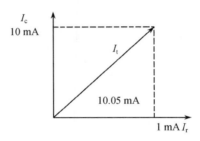

图 3-6-1　电容性和电阻性电流向量和关系

I_t—总电流;I_r—阻性电流;I_c—容性电流

第四章　耐电压测试仪的检验

第一节　检验分类及规则

为了规范耐电压测试仪制造行业的质量行为，确保使用耐电压测试仪检验、验证各种电气设备、绝缘材料和绝缘结构的介电强度要求的能力，对耐电压测试仪的性能和功能做出统一规定越来越重要。目前市场上的耐电压测试仪具有不同的特性，需要有一个共同的参照系统。因此需要有一项标准帮助最终用户就性能、功能控制等做出选择，理解各种标志。GB/T 32192—2015 为规范和描述耐电压测试仪以及评估其性能提供了依据。

一、检验的分类

耐电压测试仪的检验分为出厂检验、型式试验和质量一致性检验。

二、检验规则

（一）出厂检验

由制造厂技术检验部门对生产的每个系列的每个产品，按 GB/T 32192—2015 规定的出厂检验项目进行检验。合格后加盖合格印，并给出出厂检验合格报告。

（二）型式试验

1. 需进行型式试验的情况

出现下列情况之一应进行型式试验：

a）新产品设计定型鉴定及批试生产定型鉴定；

b）当结构、工艺或主要材料有所改变，可能影响其符合 GB/T 32192—

2015 的规定时；

    c) 停产 1 年以上重新投产时；

    d) 国家质量监督机关或主管部门要求进行型式检验时；

    e) 批量生产的产品应周期性(3 年)进行一次型式试验。

除非在 GB/T 32192—2015 相应条款中另有说明,所有试验应在参比条件下进行。

2. 抽样方案

除非另有规定,单一产品抽样数量为 3 台;大型或价值昂贵的产品,抽样数量为 1~2 台。每个系列产品抽样数量为三分之一有代表性的规格产品;按单一产品抽样数量确定每种规格产品的抽样数量;按以上原则,数量太多的,可适当减少耐电压测试仪数量。

具有代表性的规格,由受理申请政府计量行政部门与承担试验的技术机构根据申请单位提供的技术文件确定。

3. 合格判据

(1) 单台耐电压测试仪合格判定

单台耐电压测试仪的试验项目有一项以上(含一项)主要单项不合格的,该单台测试仪判定为不合格。有二项以上(含二项)非主要单项不合格的,该单台耐电压测试仪判定为不合格。

(2) 单一产品合格判定

有一台耐电压测试仪不合格时,该单一产品判为不合格。

(3) 系列产品合格判定

系列产品中,有一种规格不合格的,该系列判定为不合格。对每一规格的判定,按单一产品合格判定执行。

试验中不允许出现致命缺陷和严重缺陷。如果任何一个试验项目出现下述"(四)缺陷判定"中规定的任一缺陷,则应暂停试验,并对不合格项目进行分析,找出原因并采取纠正措施后,可继续对不合格项目及相关项目进行试验。若所有试验项目都符合规定的要求,则仍判型式试验合格;若继续试验仍有某个项目不符合规定的要求,则判型式试验不合格。

(三) 质量一致性检验

1. 检验项目和检验顺序

正常生产时应进行质量一致性检验,质量一致性检验每年进行一次。

检验项目及顺序见表 4-1-1。对表 4-1-1 中未规定应进行检验或未包括的项目也可以按需要予以增补。

2. 合格判据

全部合格的产品批才能判定为质量一致性检验合格。

任一组检验被判为不合格,则产品批质量一致性检验不合格。

表 4-1-1　耐电压测试仪检验项目及推荐的检验顺序

项目序号	检验项目	出厂检验	型式试验	质量一致性检验
1	一般检查	●	●	●
1.1	外观标志及结构的检查	●	●	●
1.2	散热和通风	※●	※●	○
1.3	指示和显示的检查	●	●	●
2	分辨力检查	●	* ●	○
3	最大输出电流与短路电流检查	●	* ●	●
4	准确度试验	●	* ●	●
4.1	输出电压	●	●	●
4.2	击穿报警电流	●	* ●	●
4.3	输出电压持续(保持)时间	●	* ●	●
4.4	直流输出电压纹波系数	※●	* ※●	※○
4.5	交流输出电压失真度	※●	* ※●	※○
4.6	交流输出电压频率	※●	* ※●	※○
4.7	实际输出容量	●	* ●	○
5	功能检查	●	* ●	●
5.1	报警功能	●	* ●	●
5.2	定时功能	●	* ●	●
5.3	复位功能	●	* ●	●
5.4	其他功能	※●	* ※●	※●
6	影响量试验	●	* ●	○
7	环境适应性试验	○	* ●	○
7.1	温度变化试验	○	* ●	○

续表

项目序号	检验项目	出厂检验	型式试验	质量一致性检验
7.2	高温试验	○	* ●	○
7.3	低温试验	○	* ●	○
7.4	交变湿热试验	○	* ●	○
7.5	冲击试验	○	* ●	○
7.6	振动试验	○	* ●	○
7.7	运输试验	○	* ●	○
8	电气性能试验	●	* ●	○
8.1	安全试验	●	* ●	○
8.1.1	绝缘电阻	●	* ●	○
8.1.2	抗电强度	●	* ●	○
8.1.3	泄漏电流	●	* ●	○
8.1.4	保护接地	●	* ●	○
8.2	电源频率与电压试验	○	* ●	○
9	电磁兼容试验	○	* ※ ●	○
10	可靠性试验	○	* ●	○
11	包装、运输及储存	●	●	○

注1:"●"表示必须进行的检验;"○"表示不需要进行的试验。

注2:带"※"项试验适用于具有相应功能或要求的测试仪。

注3:标"＊"的为主要单项。

(四)缺陷判定

1. 致命缺陷

对人身安全构成危险或严重损坏耐电压测试仪基本功能的缺陷应计为致命缺陷。

2. 严重缺陷

当发生下列情况时,应计为严重缺陷:

a) 检测的性能特性的误差超过 GB/T 32192—2015 规定的最大允许误差;

b) 使用或操作中出现死机、掉电(非供电原因)或结构失效;

c) 内部的装配螺钉松动脱落而导致产品内部部件损坏,引起耐电压测试仪不能正常工作;

d) 剥落、破裂、损伤、缺失等造成耐电压测试仪部件性能的变化,妨碍耐电压测试仪正常操作使用;

e) 不能满足 GB/T 32192—2015 规定要求的其他失效。

第二节　检验条件

一、试验条件

除非在有关条款中另有规定,试验应在下列条件下进行:

a) 正常工作位置,所有应接地的部件接地;

b) 大气压力:86 kPa~106 kPa;

c) 试验前耐电压测试仪应通电并达到规定的热稳定时间;

d) 所使用的标准仪器与试验设备在其实际测量范围内的最大允许误差应不超过被测量允许误差的五分之一;

e) 测试容量的负载电阻器应有足够大的功率能满足耐电压测试仪全部输出试验电压的要求;

f) 电气试验所使用的耐电压试验仪、泄漏电流耐电压测试仪准确度等级不低于 5 级,绝缘电阻测试仪准确度等级不低于 10 级,并具有满足测量要求的测量范围,且连续可调;

g) 由标准器、辅助设备及环境条件所引起的扩展不确定度(包含因子 k 取 2)不应大于被试耐电压测试仪最大允许误差的三分之一;

h) 试验场地应保持干燥、清洁,且无强电磁干扰及明显的振动和冲击;

i) 表 4-2-1 为各个影响量的参比条件和最大允差。

表 4-2-1　影响量的参比条件及其最大允许偏差

影响量	参比条件(除非制造单位另有规定)	最大允许偏差
环境温度	20 ℃	±5 ℃
相对湿度	60%	±15%
电源电压	220 V	±5%
电源频率	50(或 60) Hz	±5%
电源失真度	0%(纯正弦)	5%

二、标志、包装、运输及贮存

(一) 标志

1. 产品标志

每台产品的标牌应标明以下内容：

a) 产品名称、型号(规格)、出厂编号及注册日期；

注：名称及型号应经归口主管部门正式颁布。

b) 电压、电流、容量范围及准确度等级；

c) 电源的参比电压和频率；

d) 制造单位名称，详细地址及注册商标；

e) 型式批准证书编号及认证标志、采用标准的编号(按 GB/T 32192—2015 规定)；

f) 需要限制使用场合的特殊说明(仅适用于特殊用途的耐电压测试仪)；

g) 产品尺寸。

2. 包装标志

产品包装应标明以下内容：

a) 产品执行标准号；

b) 产品商标、名称，公司名称及详细地址；

c) 型号规格、出厂编号及尺寸大小标注；

d) 收发货标志；

e) "小心轻放""向上"及"怕湿"等包装储运图示标志。

3. 控制和观测机构上的标示

控制和观测机构上的标志、文字、图形符号、数字和物理量代号等应清晰易读且不易擦掉，并符合相应的标准。指示、控制和观测机构的作用标志的位置应靠近相应的机构，且在使用过程中不会被遮盖。

（二）随机文件

随同产品应提供有关安装、用途、安全性、应用、技术要求、工作原理、测量和维修方面的说明资料；选用件、附件和可换元件清单的文件，以及合格证、装箱单等随机文件，并应符合 GB/T 16511—1996 的规定。

注：如果影响量极限值引起的改变量，与 GB/T 32192—2015 给出的值不同时，或者影响量极限值的持续时间另有规定时，应该在产品随机文件中说明。

（三）说明书

说明书应遵照 GB/T 9969—2008 及 GB/T 16511—1996 的规定，应阐述如下内容：

a）对产品的原理、特点和用途分别作有关说明；

b）使用环境条件、正常工作位置；

c）应有独立章节说明产品的使用安全注意事项、可能出现的危险和相应的预防措施；

d）产品有关的维护和保养事项；

e）产品安装说明。

（四）包装、运输及贮存

（1）产品应按相关标准及运输部门有关包装的规定和设计图纸规定的包装方法进行包装，也可按照供需双方合同（协议）规定进行包装。耐电压测试仪应具有防护装置及不经破坏不能打开的封印，其包装应符合 GB/T 191—2008 的规定，包装材料及包装要求应符合 GB/T 13384—2008 的规定。

（2）运输过程中应避免雨淋、高温、倒置，装卸搬运过程中不允许翻滚、跌落及剧烈冲击。

（3）产品贮存应放在无酸、碱、易燃、易爆等有毒化学物质和其他腐蚀性气体，且无强烈阳光照射的室内，并保证无强电磁干扰和明显的振动及冲击。

第三节　检验方法

一、一般检查

1. 外观标志及结构检查

通过目测观察耐电压测试仪的外观结构,应无明显影响其正常工作的缺陷;手动调节机械零位调节装置,模拟指示耐电压测试仪应无卡针现象,检查接线端钮、按键或插座接触情况,应无松动等。试验结果应符合下列要求:

a) 耐电压测试仪各种外部接口应有明确标识,高压输出端应有明显的高压输出标志及其他必要的警示标志;接地端子应标志清晰,不能标记在可拆卸的部件上;低压端不接地的耐电压测试仪应有明确说明并应在操作面板上有明确的标志;铭牌应清晰明显,并不易被擦掉;电源输入端应标明额定工作电压及频率并应有标明保险丝熔断电流大小的标志。

注:"低压端不接地"指耐电压测试仪高压变压器的低电位端处于浮地状态,与耐电压测试仪的接地端钮不存在电气上的连接。

b) 金属外壳应有良好的表面处理,不得有镀层脱落、锈蚀、霉斑等现象,也不应有划伤、沾污等痕迹,不允许有明显变形损坏或缺损;塑料外壳应具有足够的机械强度,不得有缺损和开裂、划伤和污迹,不允许有明显的变形;所有按键及按钮控制应灵活可靠、无卡滞现象;电器部件应无明显位移或脱落等现象。

c) 耐电压测试仪应具备高压启动、复位键,所有端子固定方式应确保充分的和持久的接触,以免松动和发热;接线端钮(接地端子除外)、按键及插座应具有绝缘防护措施,插座应有锁定装置。

2. 散热和通风

通过目测观察和标准仪器与试验设备测量,检查采用强制通风耐电压测试仪的噪声,试验结果应符合下列要求:

未在耐电压测试仪后面板设置自然通风孔或百叶窗的耐电压测试仪外壳的防护等级应符合 GB 4208—2008 规定的 IP51 要求;在耐电压测试仪后面板设置自然通风孔或百叶窗的耐电压测试仪在相应部位还应符合

GB 4208—2008 规定的防护等级 IP31,采用强制通风时,应有除尘装置,在距离耐电压测试仪 1 m 范围内其噪声参比值为 60 dB,最大允许误差为 ±5 dB。

3. 指示和显示的检查

可在准确度试验的同时进行,试验结果应满足在通电时指示或显示应清晰完整。

二、分辨力检查

可与准确度试验同时进行,检查其最高分辨力。

(1)对耐电压测试仪输出电压(对于模拟指示耐电压测试仪,选择有数字的刻度)进行微调,使其末位变化一个字(或一个最小刻度单位),读取此时耐电压测试仪指示值 U_1,然后再次微调耐电压测试仪输出电压,使耐电压测试仪末位刚好变化一个字(或一个最小刻度单位),读取耐电压测试仪的指示值 U_2,取两次示值之差 $\Delta U = U_2 - U_1$ 即为耐电压测试仪的最高分辨力。

(2)检查过程中,指示值应平稳上升或下降,模拟指示耐电压测试仪的指针应无停顿和卡死现象。

(3)试验结果应满足:数字显示耐电压测试仪的分辨力应不低于准确度等级的 1/5;模拟指示耐电压测试仪指示器最小刻度(格),2 级及以上等级为 1/100,5 级及以下等级为 1/50。

三、准确度试验

耐电压测试仪的准确度等级为 1、2、5、10 级。对于不同的测量范围,一台耐电压测试仪可以被赋予不同的准确度等级,但一个量程只能有一个准确度等级。

1. 试验一般要求

对于输出频率可调(50 Hz 和 60 Hz)的耐电压测试仪,在频率 60 Hz下,可仅对耐电压测试仪交流输出试验电压、交流输出电压失真度和交流输出电压频率项目进行试验。

2. 输出电压

对耐电压测试仪每一个输出电压量程挡都应进行试验。最高量程为全检量程,其他量程选点检测。设耐电压测试仪各量程满度值为 U_m,选择检测点如下:全检量程:在 $40\%U_m \sim 100\%U_m$ 范围内,均匀选取检测点(或最近刻度点),且不少于四点;其他量程:$40\%U_m$、$70\%U_m$、$100\%U_m$ 三点(或最近刻度点)进行检测。对模拟式表头的耐电压测试仪应校正高压输出指示表头,使指针位于零位。对于输出频率可调的耐电压测试仪,应在 50 Hz 和 60 Hz 分别进行检测。

耐电压测试仪交流输出电压的试验接线可按图 4-3-1(a)、图 4-3-1(b)两种方法进行。

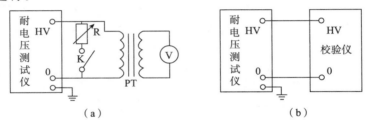

（a）　　　　　　　　　　　　（b）

图 4-3-1　耐电压测试仪输出电压的试验接线图

误差计算公式见式(4-3-1)。

$$\delta_U = \frac{U_x - U_n}{U_n} \times 100\% \qquad (4\text{-}3\text{-}1)$$

式中:δ_U——输出电压相对误差;

U_x——输出电压示值,kV;

U_n——输出电压实际值,kV。

若按图 4-3-1(b)接线,则采用直接测量法检测,可由耐电压测试仪校验仪或高压电压表直接读取耐电压测试仪实际输出电压值。

若按图 4-3-1(a)线路试验,则接好线路,断开开关 K,通电稳定。耐电压测试仪的输出电压示值调至规定的检测点(或指针分别对准带有数字标记分度线)上进行检测;读取交流标准电压表上的电压示值。耐电压测试仪输出电压由小至大,重复测量两次,取其平均值,即为耐电压测试仪输出电压实测值。耐电压测试仪输出电压按式(4-3-2)计算。

$$U_n = k \cdot U_v \qquad (4\text{-}3\text{-}2)$$

式中：U_n——耐电压测试仪输出电压实际值，V；

　　　U_v——标准电压表示值，V；

　　　k——标准电压互感器变比。

输出电压示值的最大允许误差应满足表 4-3-1 规定，数字显示耐电压测试仪在基本量程满度值的 10% 点指示值应符合最大允许误差的规定。

表 4-3-1　准确度等级及最大允许误差

准确度等级	1	2	5	10
最大允许误差/%	±1	±2	±5	±10

3. 击穿报警电流

击穿报警电流的设定误差试验可按图 4-3-2 接线。允许使用定值电阻，平稳调节测试仪电压输出，使电流逐渐增大至电流切断值的方法。

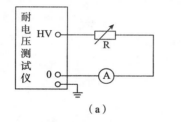　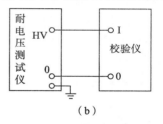

（a）　　　　　　　　　　　（b）

图 4-3-2　耐电压测试仪击穿报警电流值的试验接线图

误差计算公式见式（4-3-3）。

$$\delta_I = \frac{I_x - I_n}{I_n} \times 100\% \qquad (4-3-3)$$

式中：δ_I——击穿报警电流相对误差；

　　　I_x——击穿报警电流示值，mA；

　　　I_n——击穿报警电流实际值，mA。

按图 4-3-2(a) 连接耐电压测试仪、负载电阻器和标准电流表或校验仪；根据检测点电流按式（4-3-4）计算负载电阻器的阻值。击穿报警电流的设定值按由小至大的顺序设置，负载电阻器置适当值。调整输出电压至 0.1U_H，但不能低于 500 V。调整负载电阻器的阻值 R，同时观察毫安表上的示值，直至耐电压测试仪发出报警或切断输出电压，此时迅速读取电流值。重复测量两次，取其平均值，即为击穿报警电流实测值。

$$R=0.1U_{\mathrm{H}}/I_{\mathrm{x}} \qquad\qquad (4\text{-}3\text{-}4)$$

式中：R——可调电阻器阻值，$k\Omega$；

    U_{H}——耐电压测试仪额定电压值，V；

    I_{x}——耐电压测试仪击穿报警电流的设定标称值，mA。

按图 4-3-2(b)接好线路，用耐电压耐电压测试仪校验仪直接测量击穿报警电流值。先将校验仪功能开关置"AC"（或"DC"）电压，将耐电压测试仪也置"AC"（或"DC"）电压输出，其高压端与校验仪电压端 V 连接，调节耐电压测试仪输出电压至 $0.1U_{\mathrm{H}}$ 后，保持耐电压测试仪输出不变，切断输出。将耐电压测试仪输出高压端接至校验仪电流端 I，并把电流调节盘的电阻放置大于 R 处。启动耐电压测试仪输出，平稳调节校验仪电流调节盘（减小电阻），使电流逐渐增大至电流切断，校验仪示值即为击穿报警电流值。重复测量两次，取其平均值，即为击穿报警电流实测值。

在每个电流量程的 10%～100%范围内均匀选取至少五个试验点（或最近刻度点）进行试验。

击穿报警电流示值的最大允许误差应满足表 4-3-1 规定，数字显示耐电压测试仪在基本量程满度值的 10%点指示值应符合最大允许误差的规定。

4. 输出电压的持续（保持）时间

将耐电压测试仪时间控制置于定时方式，然后从小到大设定时间。按下输出"启动"键的同时，应自动启动标准计时器，当发出切断信号时，自动终止计时。重复测量两次，两次测量结果的平均值即为耐电压测试仪电压的持续（保持）时间实测值。误差计算公式见式（4-3-5）。

$$\delta_T=\frac{T_{\mathrm{x}}-T_{\mathrm{n}}}{T_{\mathrm{n}}}\times100\% \qquad\qquad (4\text{-}3\text{-}5)$$

式中：δ_T——持续（保持）时间相对误差；

    T_{x}——持续（保持）时间设定示值，s；

    T_{n}——持续（保持）时间实际值，s。

输出电压的持续（保持）时间设定示值与实测值之差不应超过实测值的 5%。

5. 直流输出电压的纹波系数

耐电压测试仪置于"直流"状态，并按图 4-3-3 线路连接。调节耐电压测试仪输出电压至额定值,从电压表交流挡读取直流输出电压的有效值 U_w,该值乘以分压器分压比 k,即为直流输出电压的纹波电压有效值 kU_w。

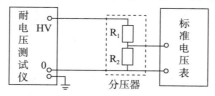

图 4-3-3 直流输出电压纹波系数的试验接线图

直流输出电压的纹波系数用式(4-3-6)计算。

$$D_{DCW} = \frac{kU_w}{U_d} \times 100\% \qquad (4-3-6)$$

式中：D_{DCW}——直流输出电压的纹波系数；

$\quad k$——直流分压比；

$\quad U_w$——直流输出电压的纹波电压有效值；

$\quad U_d$——直流输出电压的平均值。

当输出电流为 1 mA(负载为阻性负载)时,耐电压测试仪直流输出电压的纹波系数不应超过 5%。

6. 交流输出电压失真度

将耐电压测试仪输出电压置于"交流"状态,按图 4-3-4 连接分压器和失真度测量仪。调节输出电压至额定值。选择适当的分压器使失真度测量仪输入电压在其允许输入电压范围内,从失真度测量仪直接读取交流输出电压的失真度。对于输出频率可调的耐电压测试仪,应在 50 Hz 和 60 Hz 分别进行检测。

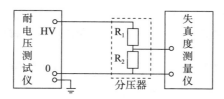

图 4-3-4 交流输出电压失真度的试验接线图

注:回路电流 I_i 最大为 1 mA。

空载和额定负荷(阻性负载)条件下,测试仪交流输出电压的失真度不应超过 5%。

7. 交流输出电压频率

按图 4-3-5 连接测试仪、分压器和频率计,将测试仪输出电压置于"交流"状态,并设定电压频率;对于输出频率可调的测试仪,应在 50 Hz 和 60 Hz 分别进行检测。

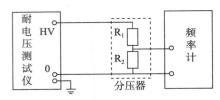

图 4-3-5 交流输出电压频率的试验接线图

程控测试仪交流输出电压频率的设定值和实际值之差不应超过设定值的 1%。

8. 实际输出容量

采用半负荷下电压跌落测量的方法,按图 4-3-1(a) 连接测量电路。交流(或直流)测试仪输出二分之一额定电压值,读取标准交流(或直流)电压表上的电压示值,切断输出电压,根据式(4-3-2)计算出测试仪输出交流(或直流)电压实际值 U_1。根据交流(或直流)测试仪额定交流(或直流)电压值 U_H 和最大击穿报警电流 I_H 计算交流(或直流)负载电阻额定值 $R_H(R_H = U_H/I_H)$。将开关 K 接通,可将交流(或直流)电阻 R 调到与 R_H 的值相近处,启动测试仪输出交流(或直流)电压,读取标准交流(或直流)电压表上的交流(或直流)电压示值,计算出 U_2。

用校验仪检测交流(或直流)测试仪的容量,将校验仪选择开关置"容量"。先不接交流(或直流)负载电阻 R 端,读取 U_1。接通与 R_H 相近的交流(或直流)负载电阻 R 端,读取 U_2。

按式(4-3-7)计算测试仪交流(或直流)实际输出容量。

$$P = \left(1 - \frac{U_1 - U_2}{U_2} \times \frac{R}{R_H}\right) \times U_H \times I_H \qquad (4\text{-}3\text{-}7)$$

测试仪实际输出容量不应低于标称容量的 90%。

四、功能检查

1. 报警功能

没有特别说明时,选择 20 mA 试验电流按图 4-3-2(a) 连接测试仪和可调标准电阻器 R,调整输出电压至 $0.1U_H$,但不能低于 500 V。调节 R 的阻值,同时观察毫安表上的示值,直至测试仪切断输出电压并发出击穿报警信号。检查报警时电流实际值是否与预置相一致。也可按图4-3-2(b)连接线路用校验仪直接观察电流示值,调整输出电压直至测试仪切断输出电压并发出击穿报警信号。检查报警时电流实际值是否与预置相一致。此项试验可与击穿报警电流的检验同时进行。

试验结果应满足:测试仪应具有高压输出警示,当电流值超过预置击穿报警电流时,测试仪能够自动切断输出电压及电流,同时发出声光报警信号。

2. 定时功能

选在测试仪空载时进行,定时时间选择 60 s 及其他任意两个时刻,如果用户有特殊要求可增加试验点。试验步骤如下:

a) 接通测试仪定时开关,设置定时时间 T,试验电压输出设置为参考值(没有特别说明时,选择 0.5 kV 试验电压);

b) 启动测试仪,检查测试仪是否在试验电压升到设定值时自动启动计时器;

c) 定时结束时,检查测试仪输出试验电压是否在该时刻开始逐渐降压回零位;

d) 定时结束后,有测量结果保持功能的应在相应指示器稳定指示测量结果。

试验结果应满足:测试仪应具有定时功能,并具有"开启"和"关闭"的选择功能,有时间调节装置和时间指示器。定时的方式、范围及其最大允许误差由产品随机文件规定。测试仪应从试验电压升到设定值时开始计时。被试件在要求的输出电压下达到预置电压持续时间后,测试仪应能自动切断输出电压。

3. 复位功能

测试仪输出电压状态下,按下复位键。此项试验可与输出电压试验同时进行。

测试仪复位后均能处于待机状态,并使其处于再次测试准备状态。

4. 其他功能

如测试仪具有通讯、遥控等其他功能提供通信接口,应进行此项试验。按产品随机文件的规定,对通信接口的类型、功能、通信协议及所传递的信息等逐一进行检查,应能达到产品标准或说明书等随机文件明示的要求。

五、额定输出电流与短路电流试验

1. 额定输出电流检查

对交流测试仪的输出电流选择 3.5 mA,额定输出电流达到 100 mA 的交流测试仪同时选择 100 mA;直流测试仪的输出电流选择 10 mA。按报警功能的方法检查。

交流测试仪最大输出电流不应小于 3.5 mA,直流测试仪最大输出电流不应小于 10 mA。

2. 短路电流试验

对额定输出电流达到 100 mA 的交流耐电压测试仪,选择适当的分压器,使输入到高压示波器的电压在其允许范围内,没有特别说明时,电阻 R_1 选 15 kΩ,电阻 R_2 选 1 kΩ,按照图 4-3-6 接线。选择试验电压 3.5 kV,启动电压输出后闭合开关 K,在示波器上读取 R_2 上的最大峰值电压,通过有效值计算电流,判断输出短路电流。

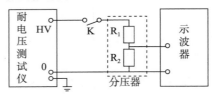

图 4-3-6　交流输出电压短路试验接线图

最大输出电流达到 100 mA 的交流测试仪,其输出短路电流不应小于 200 mA。

六、影响量试验

1. 试验条件

表 4-3-2 规定了各影响量的极限范围的极限值,而其他影响量在其参比条件允许偏差范围内,在最大量程 100% 额定输出电压点按输出电压的方法试验。

表 4-3-2　影响量的极限及允许改变量

影响量	影响量的极限	允许改变量/％
环境温度	−5 ℃和 45 ℃	50
相对湿度	20％和 90％	50
电源电压	参比值的±10％	50
电源频率	参比值的±5％	50
注:允许改变量以最大允许误差的百分数表示。		

2. 改变量的确定条件

各改变量的确定条件如下:

a)应对各个影响量确定其相应的误差改变量。在各次影响量引起测试仪误差改变的试验期间,所有其他影响量均应保持在其参比条件下。

b)当测试仪指定一个参考值时,影响量应在该值和表 4-3-2 规定的极限工作范围内的任意值之间变化。

c)当测试仪由制造单位依据产品标准指定一个参考范围和标称使用范围时,影响量应在参考范围的各个极限和与之相邻的标称使用范围内的任意值之间变化。

七、环境适应性试验

所有以下试验结束后,耐电压测试仪不应出现损坏或信息改变,24 h 后应符合准确度和功能的规定,若在试验后,对耐电压测试仪所进行的调整影响到其部分性能时,则只对因调整而影响到的那些特性进行有限的试验。

1. 温度变化试验

按 GB/T 2423.22—2002 规定,在下列条件下进行试验 Nb:

——低温 T_A:−10 ℃,高温 T_B:55 ℃;

——温度变化速率:(3 ± 0.6) ℃/ min;

——循环个数:2 个;

——暴露时间 t_1:3 h。

条件试验结束,将试验样品保留在试验标准大气条件下恢复,时间足以达到温度稳定后进行一般检查、准确度试验和抗电强度试验,试验结果应符合相应要求。

2. 高温试验

按 GB/T 2423.2—2008 规定,在下列条件下进行试验 Bb:

——测试仪为非工作状态;

——温度:+70 ℃±2 ℃;

——持续时间:72 h。

条件试验结束,进行一般检查和准确度试验,试验结果应符合相应要求。

3. 低温试验

按 GB/T 2423.1—2008 规定,并在下列条件下进行试验 Ab:

——测试仪为非工作状态;

——温度:—25 ℃±3 ℃;

——试验时间:72 h。

条件试验结束,进行一般检查和准确度试验,试验结果应符合相应要求。

4. 交变湿热试验

按 GB/T 2423.4—2008 的规定,并在下列条件下进行试验 Db:

——测试仪处于通电状态;

——测试仪试验电压源无输出;

——上限温度:+55 ℃±2 K;

——不采用特殊措施来排除表面的潮气;

——循环次数:6。

试验结束,待试验样品恢复至参比环境温度静置 24 h 后进行一般检查和准确度试验,试验结果应符合相应要求,还应符合绝缘电阻和抗电强度的规定。

注:湿度试验也可作为腐蚀试验。目测试验结果,应不出现能影响测试仪性能的腐蚀痕迹。

5. 冲击试验

应在测试仪无包装、非工作状态时在表 4-3-3 所列条件下,按 GB/T 2423.5—1995 规定进行冲击试验,波形选用半正弦波。试验后测试仪不应出现损坏或信息改变,并能按 GB/T 32192 准确地工作。

表 4-3-3　冲击试验的影响量

峰值加速度 A		相应的标称脉冲持续时间 D	相应的速度变化量 Δv		
			半正弦	后峰锯齿	梯形
m/s²	g_n	ms	m/s	m/s	m/s
300	30	18	3.4	2.6	4.8

6. 振动试验

应在测试仪无包装、非工作状态时在表 4-3-4 所列条件下，按 GB/T 2423.10—2008规定进行振动试验。试验后测试仪不应出现损坏或信息改变，并能按 GB/T 32192 准确地工作。

表 4-3-4　振动试验的影响量

频率范围 Hz	交越频率 Hz	频率<60 Hz 恒定振幅 mm	频率>60 Hz 恒定加速度 m/s²	控制	每一轴向扫频周期数
10～150	60	0.075	10(1g)	单点	10
注:10 个扫频周期为 75 min。					

7. 运输试验

在测试仪及其附件完整满包装状态下按 GB/T 6587—2012 第 2 级别的规定进行运输试验。试验后测试仪应不出现损坏或信息改变，并能按 GB/T 32192 准确地工作。

八、电气性能试验

1. 安全试验

（1）绝缘电阻

绝缘电阻测量按如下方法进行：

使用 1000 V、1000 MΩ 的绝缘电阻测试仪，测量电源输入线（相中线连接到一起）与机壳之间的绝缘电阻，应不小于 50 MΩ。

使用 2500 V、2500 MΩ 的绝缘电阻测试仪，测量低压端不接地的测试仪高压输出端子与外壳接地端子之间的绝缘电阻，应不低于 100 MΩ。

（2）抗电强度

抗电强度试验按如下方法进行：

a）出厂检验及质量一致性检验：测试仪处于非工作状态，电源开关置于接通位置。测试仪电源输入端与外壳之间施加 50 Hz、有效值 1.5 kV 的正弦波试验电压，击穿报警电流设定为 5 mA，历时 1 min。不应有异常声响，也不应出现飞弧或者击穿现象。对于在电源输入端使用了电源滤波器的测试仪，宜使用 2.1 kV 的直流电压进行试验。

低压端不接地的测试仪高压输出端子与外壳之间施加 50 Hz、$1.2U_N$（$U_N \leqslant 5$ kV）或 $1.1U_N$（$U_N > 5$ kV）的试验电压，历时 1 min，不应有异常声响，电流不应突然增加，也不应出现飞弧或者击穿现象。

b）型式试验：在湿度试验后进行。测试仪在箱内（箱内的空气应搅动且箱子的设计应使得凝露不致滴在设备上）保持 48 h，然后移出（非通风设备的盖要打开），恢复至参比工作条件 2 h 后进行。

（3）泄漏电流

按 GB 4793.1—2007 的有关规定进行。在非工作状态下，在测试仪电源任一极与可触及部件之间施加 1.06 倍的额定电压，泄漏电流应不大于 0.5 mA。

（4）保护接地

按 GB 4793.1—2007 的有关规定进行。在非工作状态下，电源输入插座中的保护接地点（电源接地端子）与保护接地的所有易触及金属部件之间施加直流 25 A 或额定电源频率交流 25 A 有效值试验电流 1 min 后阻抗不得超过 0.1 Ω。

2. 供电电源频率与电压试验

按 GB/T 6587—2012 的 5.12.2 规定的方法在工作温度下进行试验。

a）将可调电源输出置于 50 Hz、220 V，测试仪器的性能特性。

b）将可调电源输出频率保持在 50 Hz，将电压分别置于 198 V 和 242 V，并在这两个数值上各自至少保持 15 min 后，分别测试仪器的性能特性，不应受到影响。

c）将可调电源输出电压保持在 220 V，将频率分别置于 47.5 Hz 和 52.5 Hz，并在这两个数值上各自至少保持 15 min 后，分别测试仪器的性能特性，不应受到影响。

九、电磁兼容(EMC)试验

在所有电磁兼容试验中,仪表应盖上表盖和端子盖,所有需接地的部件应接地。

1. 电磁骚扰(EMI)试验

测试仪应能保证在以下电磁干扰影响下无损坏或信息改变,并能够正确工作,且测试仪不应发生能干扰其他设备的传导和辐射骚扰。除非产品规范另有规定,测试仪的电磁兼容性均应符合 GB/T 18268.1 对 A 类设备的发射(EMI)要求和用于工业场所的抗扰度(EMS)要求的规定。

(1)电源端子骚扰电压

按照 GB/T 18268.1 和 GB 4824—2013 对 A 类设备的要求,在表4-3-5所列条件下在受试设备电源端口进行试验。

表 4-3-5　设备电源端子骚扰电压限值

频段/MHz		0.15～0.5	0.5～5	5～30
限值/dB(μV)	准峰值	79	73	73
	平均值	66	60	60

(2)辐射骚扰

按照 GB/T 18268.1 对 A 类设备的要求,在表 4-3-6 所列条件下在受试设备外壳端口进行试验。

表 4-3-6　设备辐射骚扰限值(测量距离 10m)

频段/MHz	骚扰限值/dB(μV/m)
30～230	40
230～1000	47

2. 电磁抗扰度(EMS)试验

按照 GB/T 18268.1 及 GB/T 17626.2、GB/T 17626.4、GB/T 17626.5、GB/T 17626.11、GB/T 17626.3 和 GB/T 17626.6 的规定,在表 4-3-7 所列试验等级下进行试验。

表 4-3-7　抗扰度试验等级及性能判据

端口	试验项目	基础标准	试验值	性能判据
外壳	静电放电（ESD）	GB/T 17626.2	接触放电 4 kV,空气放电 8 kV	B
	射频电磁场辐射	GB/T 17626.3	10 V/m(80 MHz～1000 MHz) 3 V/m(1.4 GHz～2 GHz) 1 V/m(2.0 GHz～2.7 GHz)	A
交流电源	电压暂降	GB/T 17626.11	0% 1 周期 40% 10 周期 70% 25 周期	B C C
	短时中断	GB/T 17626.11	0% 250 周期	C
	脉冲群	GB/T 17626.4	2 kV	B
	浪涌	GB/T 17626.5	1 kVª/2 kVᵇ	B
	射频场感应的传导骚扰	GB/T 17626.6	3 V(150 kHz～80 MHz)	A

注：性能判据见 GB/T 18268.1。

　ª 线对线；

　ᵇ 线对地。

十、可靠性试验

按 GB/T 11463—1989 的有关规定进行试验。测试仪平均无故障工作时间的下限值 m_1 由生产厂家规定。结果应符合下列要求。

测试仪在正常工作条件下能在规定的时间内可靠运行,一旦出现异常时保护装置能够及时启动,避免对人机构成威胁。测试仪可靠性特征值应符合 GB/T 11463—1989 的要求。具有通信功能的测试仪应符合 GB/T 13426—1992 的要求。

第五章　产品安全性能测试知识

第一节　耐电压测试

一、耐电压测试的作用

介电强度测试通常称为耐电压测试,就是在被测设备的带电部件和可触及零部件之间施加数倍于额定电压的高压,以验证被测设备的带电部件有无接地或击穿。在测试期间,被测设备的绝缘部分承受非正常的应力。如果由于加工过程、元件或材料引发的任何部位绝缘失效,都会发生击穿现象。另外,如果被测设备中由于某种原因存在隐含的过小电气间隙,比如小于 3 mm 的间隙,在正常工作电压下,这样小的电气间隙可能不会发生故障。但在使用一段时间后,可能会由于灰尘聚集和湿度增大使过小的电气间隙被击穿而引发触电危险。耐电压测试就可以预先发现这种隐患。

二、耐电压测试的方式

(一)冲击耐电压测试

试验时施加非周期性瞬态电压,它通常迅速上升至峰值然后较缓慢地降到零。为了减小元器件的功耗,可以选择冲击耐电压测试试验。

(二)直流耐电压测试

直流耐电压测试同绝缘电阻测试相类似,只不过测试时所施加的电压值可能要更高,并以漏电流的形式表示测试结果。大多被测设备因具有较大的绝缘电阻,故其绝缘部分含有杂散的分布电容。在直流测试时,当被测设备上的杂散分布电容被充电后,只剩下流过被测件的实际漏电流,故直流耐电压测试能够准确地测试实际漏电流。

直流测试只是单一极性的测试,若被测设备工作于交流电源环境,则直流测试就不能较真实地模拟实际使用情况。又因交流测试的电压波峰值是表头示值的 1.414 倍,是直流测试无法达到的,故一般进行的直流耐电压测试电压数值较高。

(三) 交流耐电压测试

由于大多数电气产品采用交流电源供电,为了更真实地模拟被测设备在实际使用中的情况,对于电气产品普遍采用交流耐电压测试。

根据被测设备的工作状态,交流耐电压测试又分为冷耐电压测试和热耐电压(工作温度下的介电强度)测试。

1. 冷耐电压测试

冷耐电压测试时的接线方法与绝缘电阻测试相同。被测设备处于非工作状态,其电源开关置于接通位置,在电源进线与可触及的金属外壳之间施加测试电压,所施加电压的数值,依据绝缘的类型和产品标准确定。

例如,GB 4706.1—2005 中规定,一般对于基本绝缘,所施加的测试电压为 1250 V～1500 V AC,双重绝缘(基本绝缘＋附加绝缘)所施加的测试电压为 2500 V AC,加强绝缘所施加的测试电压为 3750 V AC。

2. 热耐电压(工作温度下的介电强度)测试

所谓热耐电压测试,就是对处于工作状态下的被测设备进行耐电压测试,标准要求隔离变压器次级绕组(具有中心抽头),对于电热器具,应能提供 1.15 倍的额定输入功率,对于电动器具,应能提供 1.06 倍的额定电压。程控耐电压测试仪产品,由于内部电路具有过零启动、电源变换等功能,可以将电源的干扰、负载的变化等影响降低到最低限度。而传统的采用自耦调压方式的耐电压测试仪,因其内部电路无电源变换功能,故应注意消除由于电源或负载变化而引起的测量误差。

3. 热耐电压测试中应注意的问题

应使隔离变压器的电压调整率尽量小,以消除被测设备供电电压变化而造成的测量误差。最好在隔离变压器初级接入可调电源,以保证对被测设备提供准确的输入电压。

第二节　绝缘电阻测试

一、绝缘电阻测试的原理

绝缘电阻是指用绝缘材料隔开两部分导体之间的电阻,它是反映绝缘材料性能的一项重要电气参数。为确保电气设备运行的安全,应对其不同极性(不同相)的导电体之间,或导电体与外壳之间的绝缘电阻提出一个最低要求。

绝缘电阻测试的基本理论与耐电压测试非常类似。耐电压测试的判定是以漏电流量为基准,而绝缘电阻测试则以电阻值作为判定依据,通常其测试值必须为 1 MΩ 以上、一般绝缘电阻值越高表示产品的绝缘越好。绝缘电阻测试有时被指定为追加测试,用以确保耐电压测试中绝缘体不被损坏。绝缘电阻测试与耐电压测试其接线方式大致相同,主要是测量两个端点之间及其外围连接在一起的各项关联网络所形成的等效电阻值。绝缘电阻测试仪工作原理简图见图 5-2-1。

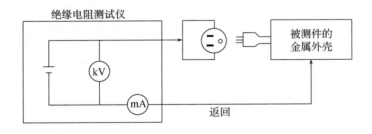

图 5-2-1　绝缘电阻测试仪工作原理简图

影响绝缘电阻测试的因素有:温度、湿度、测量电压及作用时间、绕组中残存电荷和绝缘的表面状况等。

二、绝缘电阻测试的目的

通过测量电气设备的绝缘电阻,可以达到如下目的:

(1) 了解绝缘结构的绝缘性能。由优质绝缘材料组成的合理的绝缘结构或绝缘系统,应该具有良好的绝缘性能和较高的绝缘电阻值。

(2)了解电器产品绝缘性能状况。电器产品绝缘处理不佳,其绝缘性能将明显下降。

(3)了解绝缘受潮及受污染情况。当电气设备的绝缘受潮及受污染后,其绝缘电阻通常会明显下降。

(4)检验绝缘能否承受耐电压试验。若在电气设备的绝缘电阻低于某一限值时进行耐电压测试,将会产生较大的试验电流,造成热击穿而损坏电气设备的绝缘。因此,通常试验标准均规定在耐电压试验前,先测量绝缘电阻。

三、绝缘电阻测试的重要性

(一)绝缘电阻测试对电机设备的重要性

电机的制造者、安装者、使用者与修理人员都发现,在确定电机绝缘质量中绝缘电阻测试是非常有用的。对知道怎样解释读数的有经验人员而言,一次绝缘电阻测试就可表明某电机是否适于使用。

对新电机进行测量或电机启用后至少每年进行一次测量,可获得具有真实值的信息。为测试一台无过往记录的电机,有时采用一种计算极化指数的方法。该指数是用 10 min 内的绝缘电阻读数除以 1 min 的绝缘电阻读数得出的。一般对于大型电机而言极化指数至少为 2。

(二)绝缘电阻测试对产品组件的重要性

绝缘电阻测试的另一个应用实例是在组件安装于产品之前对其进行测试。导线与电缆、连接器、开关、变压器、电阻器、电容器、印刷电路板及其他组件都有相应的最小规定绝缘电阻,往往需要验证这些组件是否符合规格。

任何组件都有使用电压的限制,或对某一特定电压规定其绝缘电阻的大小。这些限制条件主要是避免损坏组件或做出错误的测试,所以测试电压应谨慎选择且不得超过某组件上测量点两端所允许测试的最大电压值。

四、安规标准对绝缘电阻的要求

一般安规要求绝缘电阻的测试为型式测试(type test),其在测试时施加约 500 V 直流电压 1 min 后进行绝缘电阻值测量。例如 GB 4943.1—2011 (IEC 60950-1:2005,MOD)《信息技术设备 安全要求 第 1 部分 通用要求》、GB 8898—2011(IEC 60065:2005,MOD)《音频、视频及类似电子设备 安全要求》、GB 7000.1—2015(IEC 60598-1:2014,IDT)《灯具 第 1 部分 一般要求与试验》等安全标准,一般要求绝缘电阻在基本绝缘或附加绝缘至少要 2 MΩ 以上;双重绝缘或加强绝缘至少要求到 4 MΩ 以上。

五、绝缘电阻的工作原理

电气设备的绝缘电阻是指被测设备导电部件与外壳或外露的非导电部件之间的总电阻,它是评价电器产品绝缘性能最简单常用的方法。绝缘电阻的基本测量原理就是欧姆定律——对被测电气设备的导电部件和非导电部件之间施加规定的直流电压,在所施加电压的绝缘介质之间形成一定数值的泄漏电流,通过测量、计算,将该电流值变换为电阻值。

在电力设备中和电力传输线上,要把不同电位的导体隔离开,就要靠绝缘体。绝缘体的基本功能,就是阻止电流流通,使得电能按设计的途径传输,保证设备能正常工作。但绝缘体也不是绝对不导电的,只是它的泄漏电流很小而已。绝缘体的绝缘电阻是表征绝缘体阻止电流流通能力的参数,是绝缘特性的基本参数之一。绝缘电阻太低,泄漏电流很大,不但造成电能的浪费,而且还会引起发热等其他问题,也是人员触电的主要原因之一,可能导致严重后果,因此必须进行测试。

绝缘电阻等于施加于绝缘体上两个导体之间的直流电压与流过绝缘体的泄漏电流之比。即

$$R = \frac{U}{I}$$

式中:R——绝缘电阻,Ω;

  U——直流电压,V;

  I——泄漏电流,A。

一个绝缘体的绝缘电阻由两部分组成,即体积电阻与表面电阻。体积电阻 R_V 是施加的直流电压 U 与通过绝缘体内部的电流 I_V 之比;表面电阻 R_S 是施加的直流电压 U 与通过绝缘体表面电流 I_S 之比。绝缘体电阻是体积电阻与表面电阻并联组成的(见图 5-2-2)。

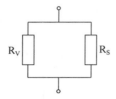

图 5-2-2 绝缘电阻由体积电阻和表面电阻并联组成

即

$$R = \frac{R_V \cdot R_S}{R_V + R_S}$$

绝缘体的电阻率均匀时,绝缘体的体积电阻主要取决于导体间绝缘的厚度、导体和绝缘体的面积等,表面电阻则主要与绝缘体表面上放置的导体的长度、导体间绝缘体表面上的距离有关。影响绝缘电阻的环境因素主要有温度、湿度、电场强度和辐照等。

六、绝缘电阻测试仪表的原理

(一) 进行绝缘电阻测试时的电流分量

1. 介质吸收电流

两个连接点之间的绝缘体可视为构成电容的电介质,它会发生一种称为电介质吸收的现象,电介质"吸取"电流并在电位消除时释放。这种电流会受电介质类型的影响并被称作电介质吸收电流,记为 I_A(见图 5-2-3)。电介质吸收在电容器与电机中尤为突出。为说明这一现象,取一大容量电容器并充电至额定电压,然后让其保持该电压一段时间。接下来通过短路端子短接使电容器迅速而完全地放电,直至跨接于该电容器上的电压表读数达到零后撤走电压表,并让电容器在导线断路的情况下静置一段时间。如果再次将电压表跨接于电容器上,此电压表所量到的电压则均为电介质吸收的结果。此现象在大容量电容器上更为明显。

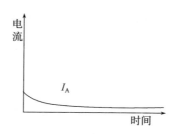

图 5-2-3 电介质吸收电流

2. 充电电流

向某一特定电容充电所需的电流称为充电电流,记为 I_C。和电介质吸收电流一样,充电电流会呈指数规律衰减至零,但速率较快,如图 5-2-4 所示。大多数情况下,一旦读数稳定,充电电流对漏电流就已衰减至可以被忽略。

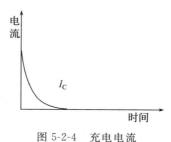

图 5-2-4 充电电流

3. 漏电流

流经绝缘体的电流为漏电流,记为 I_L(见图 5-2-5)。

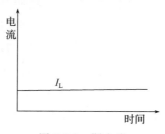

图 5-2-5 漏电流

绝缘体两端的电压除以漏电流等于绝缘电阻。为准确测量绝缘电阻,应等到电介质吸收电流和充电电流衰减至漏电流可以忽略的水平。

4. 总电流

总电流为上述三个分量的总和,以 I_T 表示(见图 5-2-6)。

某些具有微处理器控制的仪器,由于每次测试都有确切的延迟时间,得出的结果也将始终如一。

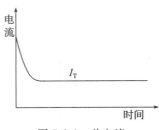

图 5-2-6　总电流

总电流(I_T)从初始最大值开始呈指数衰减,并趋近于一个恒定值。这一恒定值代表了漏电流。绝缘电阻读数取决于绝缘体两段的电压及总电流。它从一个初始最小值开始呈指数递增并趋近于一个恒定值——实际绝缘电阻。请注意,读数会低于(且永远不会高出)实际电阻,这是由于残余电介质吸收电流和充电电流的效应所致。

(二) 绝缘电阻表的工作原理和使用方法

绝缘电阻测试仪是用来测量绝缘电阻大小的仪器,绝缘电阻测试必须能提供一个 500 V 到 1000 V 的直流电压,同时电阻的测量范围也必须可以由几千欧到几吉欧。例如青岛仪迪电子有限公司生产的绝缘电阻测试仪 IDI 6135 可输出电压 30 V～1000 V,最高可测量至 50 GΩ,搭配绝缘电阻下限的设定可以确保产品符合安规要求。绝缘电阻表是大量使用于电力网站和检测用电设备绝缘电阻的仪表,对保证产品质量和运行中的设备及人身的安全具有重要意义。绝缘电阻表是依法管理的计量器具。

绝缘电阻表基本采用伏安法测量原理,即直接测量法。指针式绝缘电阻表一般由直流电源装置、指示仪表屏蔽组成,其原理结构如图 5-2-7 所示。直流电源装置分为手摇直流发电机、化学电源(如干电池)和交流整流装置等,指示仪表分为磁电系电流表和磁电系比率表。发电机的电压基本上是稳定的。电流表的指针偏转读数与流过表内两个线圈的电流比成比例,外加电压变化对指针偏转读数没有影响。被测绝缘电阻串联在电流表的一个支路中,因为电流线圈和电压线圈的附加电阻都是固定的,因此可以把电流表的指针偏转读数直接按被测绝缘电阻进行刻度。

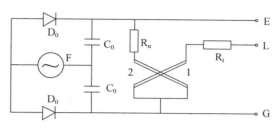

图 5-2-7　绝缘电阻表原理图

随着电子技术的不断进步,越来越多的电子式绝缘电阻测试仪在实际测量中被采用。这种仪表不再采用手摇发电机,而是用高频升压后再整流,以获得直流高压。

来自电源变压器的电压经整流滤波后,再经稳压得到恒定的稳定直流高压,该电压经保护电阻后加到测试端。被测件的绝缘电阻是通过检测被测件中的电流得到的,流过被测件的电流与其绝缘电阻成反比,根据取样电阻上的电压降和上、下限预置开关及其电位器的设定,可以判断被测绝缘电阻是否符合要求。

用绝缘电阻表测量绝缘电阻,仪器简单、读数稳定、便于携带,适合于工程现场使用,但其测量灵敏度不高。绝缘电阻表按额定电压不同分为 9 种,但常用的电压等级一般有 500 V、1000 V、2500 V 三种。在使用中应注意选择合适的电压,电压太低可能暴露不出绝缘的弱点,太高可能发生绝缘击穿。

被测设备处于非工作状态,其电源开关置于接通位置,在电源进线与可触及的金属外壳之间施加直流测试电压。

国际安规机构针对产品的某些安规测试标准要求必须测量绝缘电阻,一般要求的测试电压为直流 500 V,某些标准要求直流 1000 V。但实施操作的测试人员会发现,用不同电压进行绝缘电阻测试的测试结果差异性很大,事实上,这也是绝缘电阻测试的一个特点。从安规测试仪器的基本原理来看,在 500 V 或 1000 V 的测试条件下,测量出一个电流,然后将这个电流放大,通过内部运算,根据欧姆定律得出电阻值,因此测试仪器放大的误差,决定了测试值的误差,因为在 500 V 或者 1000 V 直流下,电流值非常小(μA 级别),因此放大后会有较大的误差。

这类可能发生测量误差的问题在早期生产的安规测试仪中常有出现,

而近年生产的电子绝缘电阻系列仪器在减少绝缘电阻误差值的技术方面有所发展,已经可以有效降低因绝缘电阻测试特性所带来的测量误差,提高了绝缘电阻测试的准确度与效率。

第三节　接地导通电阻测试

一、接地导通电阻

接地导通电阻是指被测设备易触及金属部件与接地端子或接地触点之间的连接电阻,而非配电系统中的保护接地电阻。接地导通电阻是评价被测设备接地连续性的量化指标。

绝缘电阻测试、耐电压测试、泄漏电流测试分别对被测设备施加不同的电压,检测其绝缘性能,而接地导通电阻测试则是检测其保护接地措施是否可靠。接地导通电阻测试可以检测出接地点螺丝未锁紧、接地线直径太小、接地线断路等安全问题。

通过检查接地系统,以确认其能否承载故障情况下(基本绝缘失效)的电流。

二、接地导通电阻测试仪

接地导通电阻测试仪作为实现接地导通电阻测试功能的测量仪表,对于一个被试产品的制造、安装、维修以及定期维护都具有重要意义。

接地导通电阻测试仪主要用于测量交流电网供电的电器设备(如家用电器、电动电热器具、医用电气设备及测量、控制和试验室用电气设备等)的可触及金属壳体与该设备引出的安全接地端(线)之间的导通电阻。其测试方法是通过输出一个恒定的交流或直流大电流,施加于被测体的可触及金属壳体与其安全接地端(线)之间,并测量电流流过被测体所产生的压降,然后通过电压和电流之比得出被测体的接地导通电阻值。

当测试电流达到被测设备额定电流的 1.5 倍或 25 A(两者中取较大者)时,测得的接地保护阻抗不应超过 0.1 Ω。

(一)基本组成和工作原理

不管是什么类型的接地导通电阻测试仪,一般都由电流源、电压测量、输出电流设置或调节、声光报警、指示装置等部分组成。其核心的工作原理就是由一个恒定的电流源产生一个直流或者交流的大电流信号并施加于被测系统的外壳或金属部分与接地点或者电源输入端子的接地触点之间,持续规定的时间,通过测量电路测量电压降,并由电流和电压降计算出接地导通电阻值,该电阻值不应超过 0.1 Ω。

图 5-3-1 是接地导通电阻测试仪的基本工作原理图,也是对上文的一个形象解释。

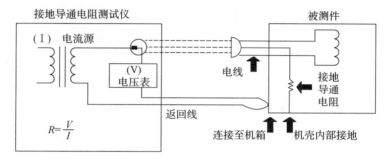

图 5-3-1 接地导通电阻测试仪的基本工作原理图

(二) 分类

接地导通电阻测试仪与耐电压测试仪和高绝缘电阻测试仪均有类似的分类方法,比如按照其显示方式有"模拟式指示"和"数字式指示"之分等等,此处不再赘述。

(三) 主要技术参数

接地导通电阻测试仪的主要技术参数指标涉及接地导通电阻测试仪的输出信号参数、测量功能参数、控制功能参数和安全性能指标。下面对所涉及的参数的概念和定义进行简要的描述,便于读者充分认识和理解。

1. 输出信号参数

(1) 试验电流设置(调节)误差,是指试验电流的示值与实际值之间的误差。

(2) 试验电流源空载电压,是指测试仪试验电流最大时其电流端的空载电压。从操作者安全角度考虑,规定测试仪直流源的空载电压不超过 12 V,医用等专用接地导通电阻测试仪的空载电压更需参照相关的安规标准执行。

（3）试验电流的波动，是指固定测试时间内试验电流的稳定度。

2. 测量功能参数

（1）电阻示值误差，是指测试仪电阻示值与标准电阻器实际值之间的误差。

（2）报警预置误差，是指报警预置的电阻值和报警时电阻的实际值之间的误差。

三、接地导通电阻的测试方法

从空载不超过 12 V 的电源取一规定的电流（该电流等于被测设备额定电流的 1.5 倍或 25 A，两者取大值），在被测设备的接地端子与各易触及的金属部件之间测量电压降。由电流和该电压降计算所得电阻值即为接地导通电阻。一般标准中规定该电阻值不应超过 0.1 Ω。

接地导通电阻测量中应注意的问题：接地导通电阻应采用四线制测量方式，以消除接触热电势，减小测量误差；测量仪应具有自动消除测试线电阻和接触电阻的功能，保证测量的准确性。

四、接地电阻测试与接地连续性测试的差异

从测试设备的发展与销售趋势来看，生产线的安规测试正从传统的接地连续性测试转向可获得更精确信息的接地电阻测试，以下将分别介绍这两种测试的差异以及接地电阻测试的优点，深入分析这一趋势产生的原因。

（一）接地连续性测试（ground continuity test，GC）

安规测试的目的之一就是为了要避免使用电器产品时可能受电击的危险，而其中一种保护形式就是安全接地。当产品发生绝缘故障时，接地功能需能妥善处理故障电流直到断路器保护或保险丝切断，因此接地线必须具备长时间通过高达 20 A～40 A 电流的能力。接地连续性测试主要是检测产品的接地端与任何金属表面（通常是指机壳）之间是否导通。典型的接地连续性测试是用万用电表或 100 mA 的直流电源来完成，如果阻抗低于 1 Ω，那么可以被认为是接地良好。这种接地测试的方式符合大部分安规标准对产品测试的需求。

（二）接地电阻测试（ground bond test，GB）

相比于接地连续性测试，接地电阻测试提供一个较高的交流电流给接

地端,这个测试是仿真一个频率为 50 Hz/60 Hz,25 A 或更高的故障电流给产品接地端和裸露金属之间,以检测接地连接是否可靠、是否具有承受高电流的能力。大部分的标准要求从产品的接地端(保护接地)到导体表面的阻抗不能超过 0.1 Ω。

(三) 凯尔文方法(Kelvin method)

凯尔文方法也称四端法。由于是测量低阻抗的测试,因此使用凯尔文方法来降低线阻产生的误差。凯尔文方法会借助一组导线提供电流来自动补偿额外的线阻值,另一组导线测量横跨一组导线两端的电压,从而扣除线阻。使用凯尔文方法的典型接地阻抗测试配线图参见图 5-3-1。

(四) 接地电阻测试可否被简单的接地连续性测试取代

接地电阻测试是被认证机构所认可的产品性能测试,也称为产品的可靠性测试,是在产品研发或品质保证验证阶段所需的测试,它广泛应用在电子产品的各项安规测试当中。但依照 UL 标准测试要求,接地电阻测试并不是一个具有代表性的生产线测试,就生产层面而言,一个简单的接线连续性测试即可符合需求。为何有些公司生产线用接地电阻测试来取代接地连续性测试呢? 在一些要求必须做接地电阻测试的公司,他们认为可借助接地电阻测试来检测接地是否可靠,是否使用了符合标准的接地线,甚至用来检测接地线弯曲是否合格。但接地电阻测试可以侦测到所有的问题吗?

当一个具有 UL 认证的接地连接线路松开接地端螺帽并执行一个 25 A 持续 30 s 的接地电阻测试,且每隔 1 h 测量一次,从而确保接地测试线不会因发热而影响测试结果。测试后可以发现当接地端螺帽越松时接地电阻值越大,但如果只执行简单的接地连续性测试,测试结果却都是一致的。因此,通过接地电阻测试可以推断一个松脱的螺丝是否被侦测到;简单的接地连续性测试却仅能判断测试是否通过,所以接地电阻测试不可以被简单的接地连续性测试所取代。以下我们进行另一个试验,使用 18AWG 16 芯具有 UL 认证的接地线,施加 30 A 的电流 60 s 后,接地线电阻测量值为 4 mΩ。

当接地线损坏会如何呢? 对这条接地线施加 30 A 的电流 60 s,冷却后切断一根线芯,再对此接地线施加 30 A 的电流 60 s 后重新测试,再冷却、切断一根线芯,如此反复,来模拟损坏的测试线。在施加电流的过程中,电阻值会波动,甚至会高达 12 mΩ 或是低至 6 mΩ。图 5-3-2 是实验结果显示的接地电阻随线芯数变化的曲线,可以发现线芯数越少时接地电阻越大,而仅靠简单的接地连续性测试不可能提供任何额外的信息去判断是否有因为绕线或弯曲而损坏的线。

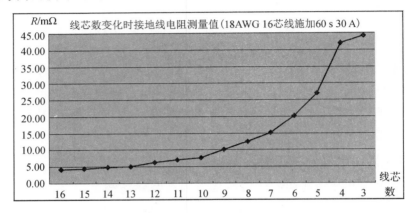

图 5-3-2 接地电阻随线芯数变化曲线

总而言之,产品的接地电阻测试能提供更多的信息去判断接地线是否确实可靠,所以一般认为接地连续性测试只是确认此接地线存不存在,而接地电阻测试除了可以确认接地线的存在之外,还增加了可靠度的确认。通过安全接地线的大电流测试才可以确认在长时间的测试下,此接地线可否承受如此大电流通过,确保产品是否使用符合标准的接地线。这是一个检查测试误差和帮助排除故障的有用的做法,其次可为产品认证提供足够信息。这些测试数据足够确保有正确的安全接地。

第四节 泄漏电流测试

一、泄漏电流

电源通过绝缘或分布参数阻抗产生的与工作无关的电流称为泄漏电流。这一术语已用于表达若干不同的概念,如接触电流、保护导体电流、绝缘特性等。目前的泄漏电流测试仪国家标准和规程中用泄漏电流这一术语表示与设备接触过程中流过人体或人体模型的电流,即接触电流。对于Ⅰ类器具,是指被测设备在所施加的测试电压作用下,穿过或跨过绝缘流入保护接地导线的电流。耐电压测试、绝缘电阻测试中的泄漏电流则反映了设备或材料的绝缘特性。

　　本节中的泄漏电流特指接触电流,测量的是在没有故障施加电压的情况下,电气设备中相互绝缘的金属零件之间,或带电零件与接地零件之间,通过其周围介质或绝缘表面所形成的电流。主要包括两部分,一部分是通过绝缘电阻的传导电流;另一部分是通过分布电容的位移电流,它随电源频率升高而增加。泄漏电流测试是诸多安规测试中的一项测试,通常安规执行单位,例如 UL、CSA、IEC、BSI、VDE、TUV 和 JSI 等会要求产品必须做这项测试。

　　泄漏电流与被测设备的结构、材料、使用环境及操作者本身的人体阻抗有关,泄漏电流如果超过一定限值,将对操作者的安全造成威胁。为此,电器产品的安全标准对泄漏电流的限值做出了规定,将其限制在人体的感知电流范围内。

　　泄漏电流测试是以产品的泄漏电流经由一组模拟人体阻抗电路作为测量方法的测试,这个模拟人体阻抗的电路被称为"人体阻抗模型(measuring device,MD)"。泄漏电流测试仪通过模拟人体网络来模拟实际工作环境中的人体,通过测量流过模拟人体网络的电流值反映实际情况下流过人体的电流的大小。如图 5-4-1 所示。

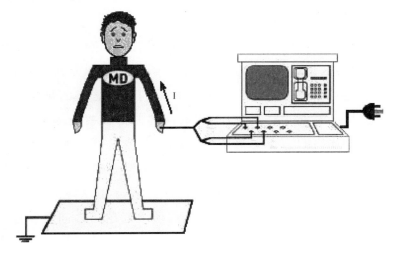

图 5-4-1　泄漏电流测试仪工作原理图

人体阻抗在干燥、潮湿的不同状态下令发生变化,还与电压等级、频率等有关。经研究分析,使用规定统一的模拟人体阻抗网络来测量泄漏电流会使得测量出的泄漏电流既模拟了人体阻抗又具有可比性,但不同的标准用来模拟人体阻抗网络的电路是有差别的。

　　泄漏电流测试仪用于测量电器的工作电源(或其他电源)通过绝缘或分布参数阻抗产生的与工作无关的泄漏电流,可以分为三种不同的测试方式,分别是测试对地泄漏电流、对表面泄漏电流和表面间泄漏电流。它们主要是因测试棒所测量位置的不同而有所区别,对地泄漏电流为泄漏电流经由电源线上的接地线流回大地;而对表面泄漏电流是在人员触摸机体时,经由人体流回大地;表面间泄漏电流又称为患者泄漏电流,则是在任何应用物件之间或流向应用物件的泄漏电流,通常只有医疗仪器有这项测试的要求。这些测试的主要目的是保证使用者在操作或手握应用物件时的安全,以避免电击伤害的危险。因此,对泄漏电流进行测量,将它限制在一个规定值内,对提高产品安全性能具有重要的作用。

　　目前市场上进行泄漏电流测试仪研制和生产的厂商有很多,其生产的泄漏电流测试仪也是多种多样,但其设计思路大同小异,都是依据既定的国家标准、国际标准或具体行业内的安全标准或规定,进行模拟人体网络的设计,进而计算流过人体的泄漏电流的值。

　　一般情况下,不同的泄漏电流测试仪均内置了不同的人体阻抗模拟电路,在测试参数设定时可以选择其中一组作为人体阻抗模型的依据,每一组的人体阻抗模拟电路代表人体在不同情况之下的阻抗。人体的阻抗由于人机接触点的位置、面积和电流的流向而有所不同,因此人体阻抗模拟电路规格的选择必须依据要做何种测试以及所能允许的最大泄漏电流量来决定。产品泄漏电流的测量不但要做产品正常工作和异常时的测量,同时必须做电源极性反相时的测量,以避免当产品在输入电压的最高值工作时,因异常或使用不当所引起的诸多问题和危险。测试原理如图 5-4-2 所示。

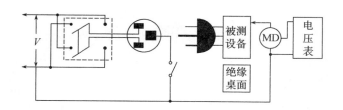

图 5-4-2　泄漏电流测试仪测试原理图

二、泄漏电流的测试方法

根据被测设备的工作状态,泄漏电流测试分为静态泄漏电流测试与动态泄漏电流测试。

(一)静态泄漏电流测试

被测设备处于非工作状态,其电源开关置于接通位置,对其施加1.06 倍的额定电压,分别测量相线和零线对机壳或对地的泄漏电流。

(二)动态泄漏电流(工作状态下的泄漏电流)测试

测量时应通过隔离电源(隔离变压器)给负载供电,对于电热器具,提供1.15 倍的额定输入功率,对于电动器具,提供 1.06 倍的额定电压,分别测量相线和零线对机壳或对地的泄漏电流。

(三)动态泄漏电流测试中应注意的问题

应使隔离变压器的电压调整率指标尽量小,以消除对被测设备供电电压变化而造成的测量误差。最好在隔离变压器初级接入可调电源,以保证对被测设备提供准确的输入电压。

如不能使用隔离电源,则应将被测设备置于绝缘台上,且不要接地。

流经绝缘介质的泄漏电流中包含有正弦、非正弦及高次谐波分量,故要求泄漏电流测量仪要有较宽的频率响应范围和真有效值变换电路,才能准确地进行测量。

三、泄漏电流测试差异性分析

泄漏电流测试是家用电器产品安全性能检测中,国家强制要求的一个安全性能测试的项目。市场上泄漏电流测试仪有老式的模拟仪表,也有新型的数字仪表,内部电路也不尽统一。因此在用户使用现场很容易出现这

样的问题:同样的被测产品,采用不同厂商提供的测试仪测试结果往往对比后明显不一致,甚至差别很大。这其中主要原因有两个:

(1)泄漏测试线路的不同;

(2)泄漏测量仪器的频率响应不同。

(一)泄漏测试线路

GB 4706.1—2005 中明确规定,泄漏电流的测试中"被测电器应与大地绝缘或者电源采用隔离变压器供电"。根据此要求,可以有以下两种测试方式。

1．第一种测试线路

待测电器放在绝缘体上,直接使用电网给被测电器供电,进行泄漏测试。

在实际应用中,如果被测电器仅仅放置在绝缘体上(与大地绝缘),使用电网电源直接供电进行泄漏测试,则测试结果很难准确,因为一般的木垫和橡胶垫(工业现场最常见的绝缘方式)在工业环境中,因为厚度、湿度、温度、表面洁净度等诸多因素很难做到比较好地与大地绝缘,其绝缘等效电阻 R_G 是变化的、不确定的,而电网电源与大地又有着直接的关联回路(火零线的电位和大地直接相关),这些会导致测试数据结果有很多的不确定因素,测试结果是很难准确的。这种方式的泄漏测试示意图如图 5-4-3。

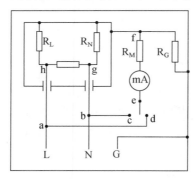

图 5-4-3　泄漏测试示意图

R_M—人体模拟阻抗;R_G—电器外壳对大地的交流等效电阻;R_L—电器火线对电器外壳的交流等效电阻;R_N—电器零线对电器外壳的交流等效电阻

在电网供电的情况下,N 与 G 电位是相等的,L 与 G 之间的电位是电网电压。

火线的泄漏电流走向是：从 a 点，经 d、e、f 到 g，中间经过电流表和交流等效电阻 R_N 和 R_G，此时电流表测试结果为火线泄漏电流。

零线的泄漏电流走向是：从 b 点，经 c、e、f 到 h，中间经过电流表和交流等效电阻 R_N，此时电流表测试结果为零线泄漏电流。

火线的泄漏电流大小为：

$$I_L = U_{LN} / (R_M + R_G /\!/ R_N) \tag{5-4-1}$$

式中，U_{LN} 为电网电压。

由于 R_M 的数值在 GB 4706.1—2005 中规定为 1.5 kΩ 左右，远小于 $R_G /\!/ R_N$ 所以上式可简化为：

$$I_L = U_{LN} / (R_G /\!/ R_N) \tag{5-4-2}$$

由（5-4-2）式可见，火线泄漏电流值的大小取决于 $R_G /\!/ R_N$ 并联阻值的大小，当 R_G 阻值与 R_N 阻值接近时会引起火线泄漏电流值非常大的偏差，而工业现场一些情况下 R_G 阻值并不会比 R_N 阻值大多少，甚至还要小得多，这样，测出来的泄漏电流值就完全不对了！此种测试方式中若要得到较准确的泄漏电流值，R_G 阻值必须远大于 R_N 阻值才可以，即待测电器外壳与大地的绝缘必须远远优于待测电器本身火零线与外壳的绝缘才可以。而这在工业现场并不容易做到。

2. 第二种测试线路

采用隔离变压器给待测电器供电，进行泄漏测试。

上述第一种测试存在较大问题，很难测准泄漏电流。所以，在工业现场的泄漏测试中，都是采用隔离变压器给待测电器供电，为了测试的可靠和安全，待测电器依然要放置在与大地基本绝缘的木垫和橡胶垫之上，这样隔离变压器输出测试电源与大地不再有直接的关系（此时的火零线的电位和大地不再有关），测试回路仅仅与测试电源和待测电器的泄漏状态有关。

采用了隔离变压器后，火零线电压不再与大地有关，虽然仍然存在 R_G，但 R_G 两端已不存在电势差，也就不再有泄漏电流回路，此时火线泄漏电流公式为：

$$I_L = U_{LN} / R_N \tag{5-4-3}$$

所以，此时的泄漏电流值仅仅与 R_N 有关。

请注意：以上分析中，零线泄漏电流值不受 R_G 的大小影响，所以没有加以细致分析。

因此，使用第一种方式和第二种方式去测试同一待测产品，得出的泄漏电流测试值可能会相差较大。

（二）泄漏电流测试仪的频率响应（频响）范围

泄漏电流测试仪的频响是由其内部信号处理电路的设计原理决定的。由于电网电压含有较高的谐波，所以产生的泄漏电流信号频率也会含有较高频率的谐波。一般来说，仪表电路的频响设计范围越高，信号被衰减滤除的部分就越少，测试就越能反映信号的真实大小；而频响越低，则信号被过滤掉的成分越多，对信号的特定频率选择性就越强。

在实际应用中，测试感性负载的泄漏电流时，往往会产生更多的谐波电流，谐波电流频率能超过 1 MHz，对于这样的泄漏电流信号，不同频响的泄漏电流测试仪测试结果相差是很大的。

以上所述的不同频响的泄漏测试仪表，在各级计量技术机构进行检定时，都是合格的，因为计量机构检定仪表时，一般只进行工频 50 Hz 泄漏电流测试校准和准确度检定。而不同频响的泄漏测试仪在工频信号段的测试响应都是相对一致的、准确的，区别都集中在高频段。

所以，同一产品在进行泄漏测试时，必须明确测试条件，选择合适的测试仪表，正确理解标准和检定规程的条文和要求，才能最终做出合适、准确的泄漏电流测试结果。

四、模拟人体的阻抗解析

根据 GB/T 12113—2003（IEC 60990：1999，IDT）《接触电流和保护导体电流的测量方法》所描述专为人体的泄漏电流测试称为"接触电流测试"。有关接触电流测试不可少的部分就是人体阻抗模型。因为是模拟人体的阻抗，所以会有男人和女人的差异，还会因为生病有所改变，当然外在因素如：触电的电压/频率、触电时间、接触面积、湿度环境等与人体的阻抗都会有着绝对密切的关系。

（一）人体阻抗模型

人体的阻抗基本上可分为两种，一种是皮肤阻抗，另一种是人体内部阻抗,所以总的人体阻抗(Z_T)的定义为皮肤阻抗(Z_p)与人体内部阻抗(Z_i)的向量和。人体阻抗的等效电路如图 5-4-4 所示,其中 Z_{p1} 及 Z_{p2} 代表人身上任何两处,Z_i 代表人体内部的阻抗。人体阻抗分为皮肤阻抗和人体内阻抗的原因,乃是因为这两种阻抗无论是阻抗值或特性均有很大的差异。

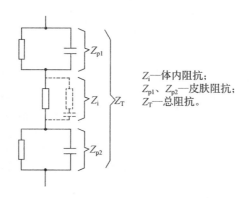

Z_i—体内阻抗;
Z_{p1}、Z_{p2}—皮肤阻抗;
Z_T—总阻抗。

图 5-4-4 人体阻抗的等效电路

1. 皮肤阻抗 Z_p

人体的皮肤阻抗非常近似于一个电阻和一个电容并联的等效阻抗。影响皮肤阻抗的因素很多,如:电压、频率、触电时间、接触面积、接触力度、皮肤湿度,甚至呼吸的状况都有关系。下面将说明电压高低、频率大小、时间长短和湿度对人体皮肤阻抗的影响。电压的影响:当电压在 50 V 以下时,皮肤的阻抗明显受到接触面积、室温及呼吸状况的影响;但当电压在 50 V 以上时,皮肤阻抗则明显下降到几乎可以忽视的地步。频率的影响:当频率越高时,皮肤阻抗则越低,这也是为什么皮肤的阻抗等效电路会采用一个电容和一个电阻并联的原因。至于时间,则是触电时间超过几个毫秒,阻抗就会明显减少。而于湿度方面,若皮肤沾湿了水,阻抗就会趋近于零。综合以上特点,我们可以简单而清楚地了解人体在触及一个 50 V 电压源时的状况。首先由于皮肤的电容的充电特性使其阻抗几乎不存在,之后在电容充饱阻抗形成时,依然会在不到几个毫秒的时间内,阻抗明显地减少,所以人体的皮肤阻抗与外在因素有非常密切的关系。

2. 人体内部阻抗 Z_i

人体的体内阻抗在接触电源的频率不高(约 1000 Hz 以下)的情况下,

可以说几乎是一个纯阻的阻抗,而其中电阻的大小和电流流通的途径(current path)有着绝对的关系。一般的安规标准会将体内阻抗以 500 Ω 作为合理的参考值。接触面积也是另一个影响体内阻抗的重要因素。基本上,当接触面积小于几个平方毫米时,体内阻抗即会明显的增加。人体在干燥与潮湿情况下的阻抗相差有三倍以上,因为皮肤在潮湿时几乎是没有阻抗。整体而言,人体处于高压高湿的状况下,皮肤阻抗将不起任何效用,仅存体内阻抗,约在 500 Ω～1000 Ω 之间。

(二)触电程度及人体的反应

了解人体阻抗后,我们再讨论一下触电的情形。根据相关研究报告,触电危险的程度取决于通过人体电流的大小和时间的长短,而不是电压或其他因素。另外当电流小于某个固定值时,触电时间的长短将不起任何影响,意即通过人体的电流若是很小的话,对人体的安全就不构成任何威胁了。关于触电程度的划分,GB/T 13870.1—2008(IEC/TS 60479－1:2005,IDT)《电流对人和家畜的效应 第 1 部分:通用部分》把电流通过人体的效应以时间/电流为坐标分成四个区域七种生理效应,且适用于频率 15 Hz～100 Hz,第一、二区为感知电流区,第三、四区分别是不随意可摆脱电流区和心室纤微颤动电流区;在 GB/T 12113—2003 (IEC 60990:1999,IDT)《接触电流和保护导体电流的测量方法》中更明确地针对人体对接触电流的反应给出以下三种对应的人体阻抗模型线路分别是:未加权的接触电流的测量网络、加权接触电流(感知电流或反应电流)的测量网络和加权接触电流(摆脱电流)的测量网络。

1. 电灼伤电流

电灼伤是当电流流经人体表皮和人体构成的阻抗时消耗功率所造成的。灼伤的其他形式可能是由电气设备引起的,例如电弧或电弧生成物。一般不对造成电灼伤的接触电流规定其限值,其主要原因是电灼伤主要和人体与带电体的接触面积和接触时间相关联。有研究报告指出,在电流密度约为 300 mA/cm² ～400 mA/cm² 有效值的情况下,开始出现皮肤灼伤。电灼伤电流测试的人体阻抗模型使用 GB/T 12113—2003(IEC60990:1999,IDT)《接触电流和保护导体电流的测量方法》给出的未加权的接触电流的测量网络,如图 5-4-5。

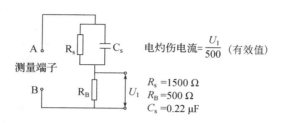

$$电灼伤电流 = \frac{U_1}{500} \text{（有效值）}$$

$R_s = 1500\ \Omega$
$R_B = 500\ \Omega$
$C_s = 0.22\ \mu F$

图 5-4-5　GB/T 12113—2003 给出的未加权接触电流的测量网络

2. 感知电流/反应电流

人体对电流的感知和反应由流过人体内部器官的电流所引起。当通过人体的电流在 0.5 mA 到 5 mA 之间，人体就会出现刺麻的感觉，但对人体不会造成任何危险，且没有时间限制。人体对有感电流的反应程度，除了和接触面积有关系外，电流频率亦是主要的因素，当频率愈高时，人体的承受能力就越强。以 GB 4943.1—2011（IEC 60950-1：2005，MOD）《信息技术设备　安全　第 1 部分：通用要求》为例，限流线路（limited current circuit）的操作频率若在 1 kHz 以下时，流过 2000 Ω 电阻的电流不能超过 0.7 mA；但线路的操作频率若在 1 kHz 以上，则允许流过电阻的电流最高可以到 70 mA。由此可知，频率越高时人体可承受的电流就愈大。图 5-4-6 为 GB/T 12113—2003（IEC 60990：1999，IDT）《接触电流和保护导体电流的测量方法》给出的感知电流/反应电流测试的人体阻抗模型。

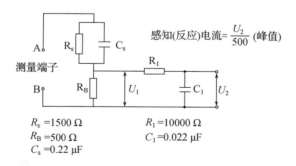

$$感知(反应)电流 = \frac{U_2}{500} \text{（峰值）}$$

$R_s = 1500\ \Omega$ 　　　　　$R_1 = 10000\ \Omega$
$R_B = 500\ \Omega$ 　　　　　$C_1 = 0.022\ \mu F$
$C_s = 0.22\ \mu F$

图 5-4-6　GB/T 12113—2003 给出的加权接触电流（感知电流/反应电流）的测量网络

3. 摆脱电流

人体丧失摆脱物体的能力是由流过人体内部（例如：通过肌肉）的电流所造成的。当电流增加到 10 mA 以上时，人体的肌肉便开始有痉挛和收缩的现象,如果此时刚好是由手掌握着触电体,便会因为肌肉的收缩而无法张开,导致通电时间太久,造成生命危险。图 5-4-7 为 GB/T 12113—2003 给出的加权接触电流(摆脱电流)的测量网络。

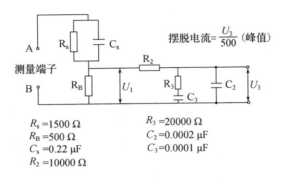

$$\text{摆脱电流} = \frac{U_3}{500} \text{(峰值)}$$

$R_s = 1500\ \Omega$
$R_B = 500\ \Omega$
$C_s = 0.22\ \mu F$
$R_2 = 10000\ \Omega$

$R_3 = 20000\ \Omega$
$C_2 = 0.0002\ \mu F$
$C_3 = 0.0001\ \mu F$

图 5-4-7　GB/T 12113—2003 给出的加权接触电流(摆脱电流)的测量网络

4. 其他安规标准给出的人体阻抗模型

IEC、UL 等相关标准还给出了其他类型的人体阻抗模型,例如美国商业用冰箱和冷冻机标准 UL 471、美国烹调用微波炉应用标准 UL 923 等。比较有代表性的是 GB 9706.1—2007(IEC 60601−1:1988,IDT)《医用电气设备　第 1 部分:安全通用要求》给出的测量网络,见图 5-4-8。

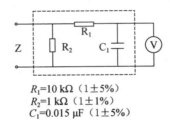

$R_1 = 10\ k\Omega\ (1 \pm 5\%)$
$R_2 = 1\ k\Omega\ (1 \pm 1\%)$
$C_1 = 0.015\ \mu F\ (1 \pm 5\%)$

图 5-4-8　GB 9706.1—2007 给出的测量网络

(三) 电源测试回路状况的选择

GB/T 12113—2003(IEC 60990:1999,IDT)《接触电流和保护导体电流的测量方法》、GB 4943.1—2011(IEC 60950-1:2005,MOD)《信息技术设备　安全要求　第 1 部分　通用要求》、GB 9706.1—2007(IEC 60601-1:1988,IDT)《医用电气设备　第 1 部分:安全通用要求》等安全标准给出了电源测试线路。

以上介绍了相关的人体阻抗模型,如何选择符合产品测试要求的人体仿真阻抗模型和正确做好接触电流测试。在此做一简单总结:首先要确认产品所根据的安规标准,如家用电器类 GB 4706.1—2005 [IEC 60335-1:2004(Ed 4.1),IDT]、测量控制和实验室用电气设备信息类产品 GB 4793.1—2007(IEC 61010-1:2001,IDT)、信息类产品 GB 4943.1—2011(IEC 60950-1:2005,MOD)、影音产品类 GB 8898—2011(IEC 60065:2005,MOD)、医疗用电气设备 GB 9706.1—2007 (IEC 60601-1:1988,IDT)等标准,再确认测试仪器的测量频宽范围是否从 DC~1 MHz,再依接触电流发生的原因选择是有效值测量或峰值的测量,并以标准给出的最大接触电流作为异常点的判定。

第五节 安全性能综合测试仪的校准

一、概述

安全性能综合测试仪(以下简称综测仪)是用来测试产品安全性能的主要仪器,一般包括耐电压测试、泄漏电流测试、接地电阻测试、绝缘电阻测试,某些综测仪还包括电参数测试如电压测试、电流测试、功率测试等等。测试完全以 GB 4706.1—2005 为参考标准。为了保证综测仪的准确性,相应地要对高压输出、漏电流、接地电阻和绝缘电阻、电参数等特性进行校准。

二、校准方法

以青岛仪迪电子有限公司生产的 MN42 型综测仪为例。在进行计量校准前,首先要清楚被检测仪器的输出回路,这是保证接线正确的前提。

因为安规有高压输出,也有大电流输出,所以接线前看懂仪器的使用说明和接线说明,是保证人身安全和标准表安全的前提条件。安规单表的输出比较简单,如耐电压测试、绝缘测试只有高低压两个输出端子,接地电阻有四个输出端子(也有两个输出端子的),泄漏电流有三个测试端子。但综测仪的输出相对较麻烦,因为很多输出端是共用的,但是大部分综测仪的输出回路设计基本思想是一致的,因此输出接线方法比较接近,这里以 MN42 系列安全性能综合测试仪为例介绍。

如图 5-5-1 所示,其中耐压输出、绝缘电压输出与大地是悬浮的,以保护用户的使用安全。

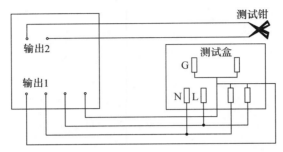

图 5-5-1　MN42 综合测试仪输出回路示意图

(一)耐电压特性的校准

耐电压特性的校准依据 JJG 795—2016,一般包括电压校准、电流校准等。前文已详细介绍,此处不再赘述,只简述接线方式及操作方法。

1. 电压校准

高压校准连线如图 5-5-2 所示(MN42 电压输出端子为测试盒的 G 和 N 端),启动综测仪的耐压输出,高压表可以直接读取电压值。输出过程中可以通过增减按键直接修改综测仪输出电压值,计量非常方便。

图 5-5-2　高压校准接线图

A1—综合测试仪;B1—交流高压标准表(量程>5 kV)

若没有高压表,还可以采用如下测量方式:采用图 5-5-3 方法,选用互感器,比例为 100∶1 或者 1000∶1,再配置量程合适的交流电压表,准确度高于 0.2 级。也可选用电阻分压法,因为电压表有内阻,必须计算选配合适的电阻,这种方法容易引起测量误差。

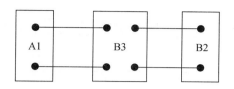

图 5-5-3　互感器法测量高压接线图

B3—100∶1(或 1000∶1)互感器;B2—交流电压表(合适量程)

2. 电流校准

电流校准一般采用变阻器、变阻箱或电阻排,设置综测仪电压为 500 V,时间设置最大值,然后按照图 5-5-4 方式连接好线路。启动综测仪,就可以进行电流的校准,测试过程中,改变电阻值可以进行不同电流的校准。

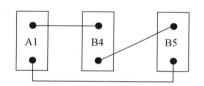

图 5-5-4　电流法校准电流接线图

B4—变阻器(变阻箱);B5—高于 0.2 级交流电流表

3. 注意事项

测试盒上 G 端为高压输出端,N 端为低压输出端。校准电路中,高压先经过电阻箱(器)再接标准电压(流)表,否则如果交流电流表的电压不高,容易烧坏电流表。

(二)绝缘特性的校准

绝缘特性的校准依据 JJG1005—2005《电子式绝缘电阻表》,一般包括电压校准、电阻校准。

1. 电压校准

绝缘电阻输出电压为直流电压,一般校准 500 V、1000 V 两个点(因为使用者只用这两个点)。高压校准连线如图 5-5-5 所示(MN42 电压输出端子为测试盒的 G 端和 N 端),启动综测仪的绝缘测试,直流高压表可以直接读取电压值。注意选用高压表的内阻一般高于 100 MΩ。

图 5-5-5　电压校准接线图

C1—直流高压标准表

2.电阻校准

绝缘电阻校准的方法比较简单,使用高压高值电阻器(箱)。电阻箱的范围为 1 MΩ～1000 MΩ。连线如图 5-5-6 所示,分别选择电压为 500 V 及 1000 V 按照检定规程的要求选点。

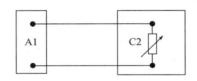

图 5-5-6　绝缘电阻校准接线图

C2—高压高值电阻器(箱)

3.注意事项

绝缘电阻值受天气影响较大,当阴天或空气湿度较大时,应对测试环境开空调除湿,并且利用仪器的自检功能。MN42 综测仪有自检功能,将综测仪的测试盒接好,不接电阻箱时,将菜单选择至自检状态,然后按提示进行自检操作。

(三)接地电阻的校准

接地导通性能的校准依据 JJG 984—2004《接地导通电阻测试仪》,一般包括电流校准、电阻校准等。

1.电流校准

按照图 5-5-7 所示连接好电路(MN42 电流输出端子为测试盒的 G 端和接地钳),将电流设置为检定值,电阻设置为测量上限值,启动测试开始校准电流。

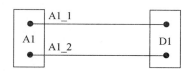

图 5-5-7 电流校准接线图

A1_1—综测仪测试盒的 G 端；A1_2—接地测试钳；D1—标准电流表

2. 接地电阻校准

接地电阻一般的连线电路如图 5-5-8 所示，因为综测 G 端是两线合一，所以进行接地电阻校准前，首先在 D2_2（测试钳）处与 D2_1 点短接，将综测仪的菜单选择"本机自检"菜单，按"确认"键，进入自检状态，再按"确认"键，进行自检测试。测试结束后，综测仪自动记忆测试值，并且在测试接地电阻时，将这段电阻减去。然后可以调整标准电阻的阻值，进行不同阻值的校准。

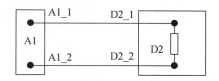

图 5-5-8 电阻校准接线图

A1_1—综测仪测试盒的 G 端；A1_2—接地测试钳；D2—标准电阻（箱）

3. 注意事项

接地电阻值本身很小，所以接线电阻不可忽略，因此计量校准时先要检测引线电阻，然后再减掉此电阻（仪器自带此功能可直接自检）。

（四）泄漏电流的校准

泄漏功能的校准依据 JJG 843—2007《泄漏电流测试仪》，一般包括电压校准、电流校准等。

1. 电压校准

电压的校准按照图 5-5-9 所示线路接线，直接比较标准电压表的显示和综测的显示值即可完成电压的校准。电压输出端是测试盒上的火零线端，而不是高压输出的 G 端。

图 5-5-9　电压校准接线图

L、N—综测仪测试盒的火线及零线端;E1—交流电压表

2. 电流校准

电流校准同耐电压电流校准回路的接线方法完全一样。电流校准接线图见图 5-5-10,与耐电压电流校准回路的区别是 A1_2 接到测试盒的 N 端,因为泄漏电流有火零两个回路,首先进行测试的是零线,也可能是火线(不同公司的仪表不同),所以启动泄漏电流测试后,若没有电流显示,检查电路连接无问题后,则应该将 A1_2 端接到火线上。

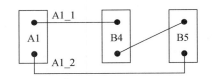

图 5-5-10　电流校准接线图

A1_1—综测仪测试盒的 G 端;A1_2—测试盒输出的 N 端(或 L 端);

B4—电阻箱(变阻器);B5—交流电流表

3. 注意事项

泄漏电流测试的电压是由电网电压经过隔离变压器隔离并变为1.06 倍(也有 1.10 倍的)后输出的,比较先进的综测仪的电压是由内置变频电源直接输出的。不管什么情况,连接好线路后,首先检查有无输入电压,电压输入回路上的保护开关(空气开关、保险丝)应处于短接状态。

(五) 电参数的校准

电参数的校准依据 JJF 1491—2014《数字式交流电参数测量仪校准规范》。

综测仪的电参数测试一般有两种方式,低压启动和功率。低压启动指被测电器在低压(85％电网电压)状态下能够正常启动,只检测电流,其电流和电压回路同功率是同一个测试回路,所以电参数的校准方法同功率项完全一样。

1. 电压校准

电压校准的方法同泄漏电流的电压校准方法完全一致。

2. 电流校准

综测仪能够测试被测电器的功率,所以只有两个输出端子接被测电器,即火线和零线。因此,比较理想的方法是按照图 5-5-11 所示方式接线。注意 B4 是负载或变阻箱,注意电阻的功率。

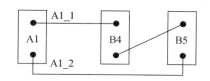

图 5-5-11 电流校准接线图

A1_1—综测仪测试盒的 G 端;A1_2—测试盒输出的 N 端(或 L 端);

B4—电阻箱(变阻器);B5—变流电流表

3. 功率校准

功率校准一般不能用标准源检定,因为综合测试仪只有两个输出端子,所以比较好的方法是串联电参数表。首先简单介绍一下电参数表。电参数表有四个端子(两个电压端子和两个负载端子),如图 5-5-12 所示。图 5-5-12(a)为内部接线原理,不同厂家的电参数不尽相同,但基本思路是一致的。图 5-5-12(b)为电参数表外面标识(电参数说明书均有详细的接线说明)。

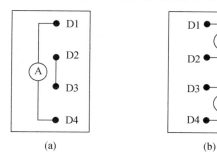

(a)   (b)

图 5-5-12 电参数表的内部接线原理及外部标识图

校准功率的方法:将综测仪、标准电参数表、负载(或变阻箱)如图 5-5-13 所示连接好线路,改变负载或变阻箱的阻值即可校准综测仪的功率值。其实这种方法可以同时校准电压、电流、功率这三个参数。

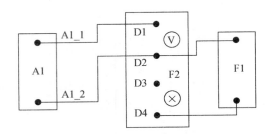

图 5-5-13　功率校准接线图

A1—综测仪;F2—标准电参数表;F1—负载(变阻箱)

4. 注意事项

不同厂家的电参数四个端子的连线不尽相同,应仔细阅读说明书,看清接线原理,接线错误容易引起危险。

综上所述,对综测仪而言,不同生产厂家的产品,不同客户使用的产品,会有不同的测量方案,但综测仪校准方法的基本原理还是相同的。

第六章　安规产品测试工作站

第一节　建立产品安规测试工作站的重要性

产品安规测试工作站不仅可以进行电气安全试验,而且可以同时进行装配操作以平衡生产线,所以建立一个安全的工作站就显得尤为重要。建立电气安全试验(安规测试)工作站,除了要保证这些工作站严格执行符合UL、CSA、EN或其他机构的规定标准,还须将操作员做测试时的安全问题和被测产品使用者的安全作为极其重要的事项来考虑。然而现实情况是,人们的关注焦点往往只集中在如何建造测试区域以取得最大的生产能力方面,负责建立工作站的人员多数缺乏电力基本知识及安全常识,这更增加了有效建立安全装置的困难性。

第二节　产品安规测试工作站的要求

建立工作站的人员必须明确知晓电气安全试验(安规测试)工作的危险程度和范围,如相对电压下的间隔距离等,从而制定出详尽的安全工作制度。操作员应当接受安全相关工作培训,以及遭遇突发安全事故时的应急处理训练。比如,安全规定明确要求任何操作带电设备的工作人员都严禁佩戴首饰和穿着由导电材料制成的服装,但我们却经常看到电气测试工作台的工作人员穿着抗静电服,却佩戴首饰。如果工作人员安全意识薄弱,缺乏必要安全知识和培训,电气安全试验(安规测试)工作站将会时刻面临着极大的安全隐患。

对于如何建立电气测试工作站的工作指南,建议参考 EN 50191《电气测试设备的安装和操作》。作为一份较为规范的标准,该标准的有些条款已获得认可并予以公布,该标准与英国的国家标准也等同适用。该标准对产品安规测试工作站要求如下：

（1）采用围栏将测试区域与装配区域分开。根据最大测试电压的有关标准，可以确定围栏与可能带电的部件之间的距离。

（2）用绝缘的封闭装置或试验罩防止接触到被测件。这些试验罩应当和测试设备进行互锁。

（3）安装指示灯和警告标志。视觉指示器可安装在所有操作员都看得见的测试区域，它们能够显示设备的运转情况。

（4）必须装配预防残余电压的保护装置。这意味着应采用输出短路装置，可使测试完成后被测件里可能储存的所有能量都能释放出来。

图 6-2-1 是测试站示意图。

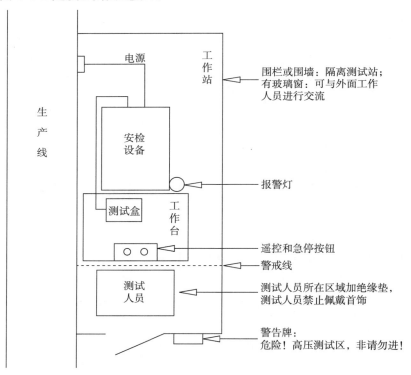

图 6-2-1　测试站示意图

为了保证操作员在没有绝对保护装置的工作站工作时的安全，建议如下：

（1）测试站应该和工作区分离。围墙和围栏的构造应能保护站在测试区外面的人员的安全。围栏的建造方式应能够使得测试操作员和测试区外的人员进行目光交流。

（2）必须避免其他人员擅自使用或无意中操作测试设备。在设计中应加上锁定装置。

（3）紧急开关装置。这为操作员提供了一种可以迅速切断所有会导致危险的电压。在测试区之外至少安装一个这种装置。

（4）测试工作台的材料应该选用非导电材料。在进行测试时，要求被测件是与地隔离的。

（5）双手操作控制。如果工作站的设计无法安装绝缘的封闭装置，双手操作控制装置可以作为一种替代方法。

（6）双安全探针。操作员可以通过手工操作把电压输送到探针或者释放带电探针的电量，但如果探针仍然带电，则至少应让操作员与试验电压绝缘。有些探针可能含有自动开关电路，当探针的电量被释放时，该电路将抑制高压。双安全探针专门为要求操作员使用双手来测试被测件的装置设计，可以防止操作员在进行测试时接触到受测装置。

测试站应选择建立在一个不打扰员工常规工作行动的地方，这个地方必须有明确清晰的图案和文字标识：危险！高压测试区，非请勿进！同时任何与此测试无关的人员都应该和暴露的带电部分保持至少在 1 m～2 m 的距离以外。另外再用起保护作用的栅栏或绝缘的保护材料做成保护物，当员工工作在暴露的、可能意外接触到的高压部分时以保护每一个工作人员不受电击、灼伤或者其他相关伤害。

建立测试站，除了警示灯之外，还应装置一个可以关掉所有电源的开关。开关的位置要在测试区的边上并且要张贴清晰的标签。当工作人员遇到紧急情况时，救援人员在进入测试区之前必须切断电源。

只能用不导电的工作桌或专用工作台做测试。移除测试者与被测产品之间的所有金属物体。没有与被测件接触的其他金属物体全部接地，不要使它们"悬浮"。如果测试小产品，中间要用非导电材料，如透明的有机玻璃，来组成防护罩等或者把测试区围起来。要安装联动开关，如果该开关不在合适的位置时便不能工作。在测试区用绝缘的安全垫垫在地面上，使操作者与地面隔离。

如果仪器可以通过遥控开关操作，可考虑用两个开关（手触及的和远处的)同时控制。如两个开关隔得较远,就应该用独立(不受限制的)的备用开关。一定不要在仪器上连接任何东西,要让高电压独立供电。换句话说,除非测试是全部自动化,否则,所有操作都应在测试员的监控下进行。

耐电压测试仪必须良好接地。电源线连到测试台一定要分布合理,在合适的位置要有较低的对地电阻。有些仪器用监测电路来检查电源线和地线的连接。有错误接线(如线的极性接反或地线不足)时警示灯会亮。如果看到任何不是"OK"的信号,立即关掉仪器并拔掉仪器电源,在没有接好线之前不要再开电源。保持测试区的安静与整洁。要让测试操作员(和观察者)确切地知道哪些产品是正在测试的,哪些产品是待测的,哪些产品是已经测试完的。正在测试的产品周围的工作台上要留出足够大的空间。仪器要放在比较方便的位置,这样测试员不用越过正在测试的仪器去进行开机操作或调试仪器。

测试员应该了解电压、电阻和电流的基本知识。他们应该知道仪器能够提供的各种电压以及电流流经任何有效的地线,重点是输出电压范围与被测产品所用的正确电压要相当;解释仪器可以提供多大的电流,以及多大电流(而不是电压)可造成伤害乃至致命;提醒操作员任何损坏安全系统或允许无权人员进入测试区范围都是测试程序安全中非常严重的违规行为;提醒操作员不要戴首饰,尤其是手镯和项链,因为它们都可能会形成一个回路。一些比较现代的仪器为操作员提供了微电脑控制和密码保护模式,只允许操作员进行操作。

附录 1

安规测试面面观——高阻抗电弧的深度探讨

陈伟春

前言

以全球市场的观点而言,产品制造厂商必须依照不同的安规测试标准来生产符合不同国家或地区对产品的要求。例如销往欧洲的产品要符合如 IEC 标准或 EN,销往美国市场的要符合 UL 标准等。就提高产品的安全性与可靠性来说,抗电测试(通常称为高压测试、瞬间测试或安规测试)就是产品的品质保障,也是日后产品能正常运行的保障。所谓的高压测试就是把比正常电压高的电压加在被测设备的通电流导体与不通电流部件之间,其目的是检测绝缘在超过正常运作时可能遇到的情况。而高压测试则是被用来证明被测设备能在额定电压下安全地运作,而且能够"抵抗"由电源开关或其他类似的市电输入电压现象引起的瞬间超压。这种测试也是查找产品缺陷,如导体之间的间隔减小或是绝缘损坏非常有效的方法。

是什么造成了介电击穿呢? 应该把高阻抗打飞弧(arcing)的情况看作一种介电失效吗? 最大容许泄漏电流该怎样正确设置呢? 当使用不同高压测试仪来测试产品时,常常会遇到这些问题。在高压仪器中使用的失效探测线路类型与电流灵敏度设置常常因所测试产品的类型与结构和它们所必须符合的技术规格(标准)而改变。为了确认适合用途的正确设置,必须先弄清楚"介电击穿(dielectric breakdown)"和"击穿放电(disruptive discharges)"的一般定义。

什么是介电击穿

介电击穿是当加在电介质材料上的电场强度超过临界值时,流过该电介质材料的电流突然增大,从而使得电介质材料完全失效的现象。

什么是击穿放电

依照美国电气电子工程师学会给出的定义,击穿放电是在电压作用下与绝缘失效有关的现象。在试验中,放电全部桥接了绝缘(即放电电弧全部短路了本来存在的绝缘体），电极间的电压降低到零或接近零。击穿放电受随机变化的影响，为了得到统计上有效击穿放电的电压值必须进行大量的观察。

一般击穿放电定义为：固体、液体、气体介质及其组合介质在高电压作用下，介质强度丧失的现象；破坏性放电时，电极间的电压迅速下降到零或接近于零。这些定义使我们对此专业名词有了基本的了解。同时，许多安全机构标准进一步定义了应该看作失效的情况。然而，其往往没有对高压测试仪的击穿或电弧灵敏度应该如何设置提供具体的界限。

IEC 60601-1《医疗用电气设备的安全通用要求》的 20.4F 规定：试验时不得发生闪络或击穿。如发生轻微的电晕放电，但当试验电压暂时降到高于基准电压（U）的较低值时，放电停止，且这种放电现象不会引至试验电压的下降，则这种电晕放电可以不考虑。

IEC 60950-1《信息类产品的安全通用标准要求》5.2.2 规定：（耐压）测试期间，绝缘不应击穿。当由于加上试验电压而引起的电流以失控的方式迅速增大，即绝缘无法限制电流时，则认为已发生绝缘击穿。电晕放电或单次闪络不认为是绝缘击穿。

UL 544《医疗和牙科设备》64.1.3 节这样定义不能接受的性能表现：不能接受的性能表现通常由测试设备中一个适当过载保护器的跳闸来表示，但是电压表读数的突然减小、滞后的非线性增加或电流的突然增大也都可能是绝缘失效的表示。必须特别注意电器中的高阻抗电路，以便探测出造成着火或电击危险的击穿情况。

UL 511《瓷夹具、瓷按钮和瓷管》还进一步规定测试设备的最大灵敏度必须符合 UL 120 000 欧姆要求，这要求按测试电压来设定允许的泄漏电流。

有些安规标准建议泄漏电流最大允许值应该由制造产品的厂家来决定，用确认的合格品来进行多次测试并记录其泄漏电流，然后把高压仪的漏电流上限值调整到比这个漏电流值稍高的值，并以此值为跳闸电流值。

上面介绍了几个标准中关于待测器具在高压测试下的失效标准。虽然几个标准都涵盖医疗产品和其他产品，而且都认为击穿放电应视为失效，但是它们在探测高阻抗电弧情况或电晕方面却有所不同。

电弧失效与高电流失效有什么不同

在介电击穿之前,导体周围可能形成电晕或高阻抗电弧。在某些情况下,可以把电晕定义为空气电离引起的荧光放电、电场中导体边棱处电应力集中引起的部分击穿,或是高阻抗电弧与电晕产生叠加到低频波上的高频脉冲,这些脉冲的频率可能在不足 30 kHz 到超过 1 MHz 的范围内,持续时间可能非常短,很多时候这些脉冲远短于 10 μs(参看图 1)。

高频信号

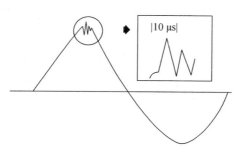

图 1

这些短时间的脉冲或尖峰不会立即造成电流增大或输出电压跌降的击穿放电。如上述安全机构标准的规定,如果测试电压降低时形成电晕停息或者打弧的情况,这并不表现出电击或着火的危险,那就不认为是失效。所以虽然某些安全标准允许有电晕的被测设备通过高压测试,但这种电晕却表示绝缘系统可能有潜在问题。

电弧的结构不是一成不变的。例如,在间隔相同的情况下,两个圆滑表面之间的击穿电压跟两个尖针之间的击穿电压会有很大不同。电弧发生点与探测器之间线路的阻抗与分布电容也可能影响由电弧探测器监视电流波形产生的 di/dt(电流随时间的变化速率)。而电压、上升速率、极性和波形全都影响电晕与电弧情况发生的速度;温度、湿度和气压则会影响电晕开始出现的电压和击穿的电弧强度。

高压测试仪怎样区分电弧失效和其他的失效

先进的高压测试仪实际上有三个分开的探测器线路去侦测高压测试中失效发生的原因(参看图 2)。

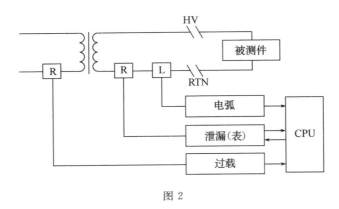

图 2

泄漏探测系统

　　第一个探测器电路是泄漏探测系统。这个线路提供一个可调节的最小电流,以及可通过程控或者仪器内存的最大电流,并以每秒 3～5 次的取样速率取样泄漏电流值,并比较其测量出的泄漏电流值。低限线路对探测产品安全性不是必要的,但是通过监视测试中有一个最低频率的电流流过可以确保对被测设备进行适合的测试。如果由于操作员的失误、断开的测试引线或者一个连接器的插针断了而没有正确连接被测设备的话,测试时就产生不了最小泄漏电流。

　　高限线路用于监视使用者在仪器中设定好的最高电平的过量泄漏(参看图 3)。

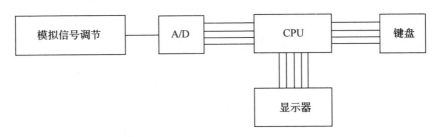

图 3

过载探测系统

　　第二个线路是主回路过载探测系统。这个电路有高于输出电流额定值的固定硬件设定点。其一,当被测设备中发生灾害性短路或击穿的情况时会在 400 μs 内关掉高压(参看图 4)。其二,当探测到有可能超过仪器的最大输出电流的高电流失效时就会迅速把高压关掉,为使用者提供了最大的安全保障。

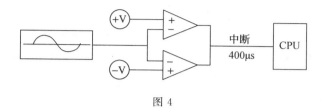

图 4

结论

测试条件的多变和电弧发生原因在各安全机构标准中缺少明确的定义及规范,以至各高压测试仪的制造厂家难以给这些失效探测模式定义出一个固定范围。高压测试仪有泄漏电流限值(HI/LO Limit)设定和电弧灵敏度(Arc Level)设定功能(见表1),可以具体符合安规及各厂家的测试要求。总而言之,当电弧探测系统在正确的条件下使用且使用得当时,可以提供有关产品设计与安全性的有价值的信息。当然,厂家首先要确定电弧探测是否适用于其产品,免得把安全的电器产品误判为失效。

表 1

电弧侦测灵敏度设定	侦测峰值电流值
Level 9	2.8 mA
Level 8	5.5 mA
Level 7	7.7 mA
Level 6	10 mA
Level 5(出厂默认值)	12 mA
Level 4	14 mA
Level 3	16 mA
Level 2	18 mA
Level 1	20 mA

由于测试条件的多变性以及缺乏确定电弧放电和漏电流最大限值的安全机构标准,仪迪公司在 IDI 6880/IDI 6164/IDI 6102 等安规测试仪设计中引入了一种灵活方法,即在仪器中配备了设置漏电流上限跳闸限值和电弧跳闸限值的功能,这要求用户必须具备设置可变限值的条件以符合特定测

试要求的能力。还为用户提供了启动和关闭电弧检测器电路的可选功能，这个检测是与高压测试仪的上限电流跳闸电路无关的。电弧检测如能在正确的条件下适当采用，可提供关于产品设计与安全的有价值信息，但制造商必须首先确定电弧检测是否适用于其产品，以免将实际上具有电气安全性的产品误判为不合格。

附录 2

JJG 795—2016《耐电压测试仪》

1 范围

本规程适用于最高输出电压不高于 15 kV 的耐电压测试仪(以下简称耐压仪),包括数字显示及指针指示的交流(工频)、直流和交直流耐电压测试仪的首次检定、后续检定和使用中检查。也适用于绝缘耐压测试仪、泄漏耐压测试仪等安全性能综合测试仪的耐电压部分的检定。

本规程不适用于脉冲电压或音频电压输出的测试仪、电线电缆用火花机、电磁兼容类高压测试设备的检定。

2 引用文件

本规程引用了下列文件:

GB 4793.1 测量、控制和实验室用电气设备的安全要求 第 1 部分:通用要求

凡是注日期的引用文件,仅注日期的版本适用于本规程;凡是不注日期的引用文件,其最新版本(包括所有的修改单)适用于本规程。

3 术语和计量单位

3.1 泄漏电流 leakage current

耐压仪的输出电压通过绝缘或分布参数阻抗产生的电流。

注:有部分耐压仪可显示泄漏电流数值。

3.2 击穿报警预置电流 breakdown warning current

在耐压仪上设置的泄漏电流阈值,当泄漏电流大于该值时,耐压仪将自动切断输出电压并发出报警信号。

3.3 输出电压的持续(保持)时间 voltage duration

耐压仪输出电压在稳定阶段所经历的时间,不包括电压上升和下降的时间。

3.4 标称容量 nominal capacity

耐压仪的电压最大量程满度值 U_H 与最大击穿报警电流 I_H 的乘积,用

P_H表示。

4　概述

　　耐压仪是用于对各种电气设备、绝缘材料和绝缘结构等的抗电性能进行检测和试验的仪器。

　　耐压仪根据显示方式可分为指针式和数字式,根据输出电压的产生和调节方式可分为自耦调压式和程控稳压式,根据击穿电流报警方式可分为基于电压比较器的硬件超限报警和基于微控制器的软件超限报警。

　　自耦调压式耐压仪通过旋钮调整自耦变压器的变比,改变升压变压器的输入电压,从而调整输出电压。程控稳压式耐压仪通过微控制器(单片机)控制产生正弦波信号,再经过功率放大电路进行放大升压,通过软件修正和反馈补偿方式,使输出电压保持稳定。

　　基于电压比较器实现击穿报警功能的耐压仪,通过按钮(定点电流)或者电位器(可调)来预置报警电流的阈值。基于微控制器实现击穿报警功能的耐压仪,通过直接编辑电流的数值来设置报警电流的阈值。

　　自耦调压式耐压仪主要由自耦调压器、调压机构、升压变压器、测量及显示模块等部分组成。程控稳压式耐压仪主要由正弦波发生器、可程控功率放大器、升压变压器、测量及显示模块等部分组成。

5　计量性能要求

5.1　耐压仪的最大允许误差

　　耐压仪的准确度等级和各等级耐压仪的输出电压(包括设定电压、显示电压)、电流(包括击穿报警预置电流、泄漏电流)及输出电压的持续(保持)时间的最大允许误差见表1。

表 1　耐压仪的准确度等级和最大允许误差

准确度等级		2 级	5 级
输出电压最大允许误差		±2%	±5%
电流最大允许误差	≥1 mA	±2%	±5%
	<1 mA	±4%	±10%
输出电压的持续(保持)时间最大允许误差	>20 s	±5%	±5%
	≤20 s	±1 s	±1 s

5.2　交流输出电压的失真

耐压仪交流输出电压的失真度不应超过5％。

5.3　直流输出电压的纹波

耐压仪直流输出电压的纹波系数不应超过5％。

5.4　实际输出容量

耐压仪实际输出容量不应低于标称容量的90％。

6　通用技术要求

6.1　外观

6.1.1　耐压仪面板、机壳或铭牌上应有以下主要标志和符号:产品名称及型号、制造厂名称或商标、MC 标志及制造许可证编号、制造日期、出厂编号、准确度等级、电压范围和标称容量。

6.1.2　耐压仪高压输出端必须有明显的高压输出标志及其他必要的标志,低端不接地的耐压仪必须有明确的标志。

6.1.3　耐压仪外壳上应配有明确的接地端钮。

6.1.4　耐压仪各种功能开关、按键应正常。

6.1.5　应具备高压启动、复位键。

6.2　功能

6.2.1　预置功能

耐压仪应具有击穿报警电流预置功能。当输出电流值超过击穿报警电流的预置值时,耐压仪能够自动切断电压输出。

6.2.2　切断功能

在要求的输出电压下达到设定的电压持续(保持)时间时,耐压仪应能自动切断输出电压。

6.2.3　报警功能

耐压仪应具有高压输出警示;当电流值超过预置击穿报警电流值时,耐压仪能够发出报警信号。

6.2.4　复位功能

耐压仪复位后应切断输出电压。

6.2.5 定时功能

耐压仪应具有定时功能,并具有"开启"和"关闭"的选择功能,有时间调节装置和时间指示器。耐压仪应从试验电压升到设定值时开始计时。

6.3 绝缘电阻

6.3.1 低端不接地和可外部断开接地的耐压仪高压输出端子对机壳的绝缘电阻应不小于 100 MΩ。不可外部断开接地的和具有保护接地的耐压仪不进行此部位的试验。保护接地是指耐压仪的机壳与接地端钮和电源的地线连接在一起。

6.3.2 耐压仪电源输入端对机壳的绝缘电阻应不小于 50 MΩ。

6.4 工频耐压

6.4.1 低端不接地和可外部断开接地的耐压仪高压输出端子对机壳之间的试验电压见表 2,历时 1 min,不应出现击穿或飞弧现象。不可外部断开接地的和具有保护接地的耐压仪不进行此部位的试验。

表 2 试验电压

耐压仪电压最大量程满度值(U_H)	试验电压有效值
$U_H \leqslant 5$ kV	$1.2U_H$
$U_H > 5$ kV	$1.1U_H$

6.4.2 电源输入端对机壳之间的试验电压为有效值 1.5 kV,历时 1 min,不应出现击穿或飞弧现象。

7 计量器具控制

计量器具控制包括首次检定、后续检定和使用中检查。

7.1 检定条件

7.1.1 环境条件

7.1.1.1 参考条件及其允许偏差见表 3。

表 3　参考条件及其允许偏差

影响量	参考值或范围	允许偏差
环境温度	20 ℃	±5 ℃
相对湿度	≤75%	—
电源电压	220 V	±10%
电源频率	50(或 60) Hz	±5%

7.1.1.2　应配备保障人员安全的绝缘橡胶垫、手套,具备良好的接地设施。

7.1.2　计量标准器

计量标准器应具有适当的测量范围,同时确保检定时由标准器、辅助设备及环境条件等所引起的扩展不确定度($k=2$)应不大于被检耐压仪最大允许误差绝对值的三分之一。

7.1.2.1　检定装置

检定耐压仪所用检定装置的最大允许误差规定见表4。

表 4　检定装置的最大允许误差

项目名称	检定装置最大允许误差	
	2 级	5 级
输出电压	±0.5%	±1%
电流	±0.5%	±1%
输出电压的持续(保持)时间	>20 s:±1%,≤20 s:±0.2 s;分辨力:0.01 s	
交流输出电压的失真	±1%(失真度的绝对误差)	
直流输出电压的纹波	±1%(纹波系数的绝对误差)	
绝缘电阻	1 000 V:±10%,2 500 V:±20%	
工频耐压	±5%	

7.2 检定项目(见表5)

表5 检定项目一览表

检定项目	首次检定	后续检定	使用中检查
外观检查及功能检查	+	+	+
输出电压	+	+	+
电流	+	+	+
输出电压的持续(保持)时间	+	+	+
交流输出电压的失真	+	−	−
直流输出电压的纹波	+	−	−
实际输出容量	+	−	−
绝缘电阻	+	+	−
工频耐压	+	−	−

注:符号"+"表示需要检定,符号"−"表示不需检定。

修理后的耐压仪按"首次检定"进行。

7.3 检定方法

7.3.1 外观检查及功能检查

7.3.1.1 外观检查

按6.1的规定进行。

7.3.1.2 预置功能

此项检查可与7.3.5.2同时进行。先检查耐压仪是否能够预置击穿报警电流。耐压仪试验电压设置为 $0.1U_H$,但不能低于 500 V,当输出电流值超过击穿报警电流的预置值时,检查耐压仪是否能够自动切断电压输出。

7.3.1.3 切断功能

此项检查可与7.3.6同时进行,耐压仪试验电压设置为 $0.1U_H$,但不能低于500 V,定时时间设置为 60 s。启动输出电压,达到设定的电压持续(保持)时间时,检查耐压仪是否能自动切断输出电压。

7.3.1.4 报警功能

此项检查可与7.3.4.2和7.3.5.2同时进行,耐压仪试验电压设置为 $0.1U_H$,但不能低于 500 V。耐压仪输出电压时检查其是否具有高压输出警示;当电流值超过预置击穿报警电流值时,检查耐压仪是否发出报警信号。

7.3.1.5　复位功能

耐压仪试验电压设置为 0.1U_H,但不能低于 500 V,在输出电压状态下,按下复位键,检查耐压仪是否切断输出电压。

7.3.1.6　定时功能

此项检查可与 7.3.6 同时进行,定时时间设置为 60 s,试验电压设置为 0.1U_H,但不能低于 500 V。检查耐压仪是否具有定时功能,并具有"开启"和"关闭"的选择功能;检查其是否具有时间调节装置和时间指示器。启动耐压仪电压输出,检查其是否从试验电压升到设定值时开始计时。

7.3.2　绝缘电阻试验

7.3.2.1　可外部断开接地的耐压仪,试验前必须先断开电压输出低端与机壳的连接。

7.3.2.2　使用 2 500 V 的绝缘电阻表,测量高压输出端子与机壳之间的绝缘电阻。

7.3.2.3　电源开关置于"开"状态,使用 1 000 V 的绝缘电阻表,测量电源输入线(LN 线连接到一起)与机壳之间的绝缘电阻。

7.3.3　工频耐压试验

7.3.3.1　工频耐压试验用耐压仪应符合表 4 的规定,击穿报警电流预置 5 mA。可外部断开接地的被检耐压仪,试验前必须先断开电压输出低端与机壳的连接。

7.3.3.2　在被检耐压仪的高压输出端与外壳之间施加表 2 规定的电压,持续时间1 min,应无击穿或飞弧现象。

7.3.3.3　电源开关置于"开"状态。在被检耐压仪的电源输入端短接与外壳之间施加 6.4 规定的电压,持续时间 1 min,应无击穿或飞弧现象。

7.3.4　输出电压的检定

具有交流及直流输出电压的耐压仪应对交流及直流输出电压分别进行检定。

7.3.4.1　检定点

对耐压仪每一个输出电压量程都应进行检定。最高量程为全检量程,其他量程选点检定。设备量程满度值为 U_m,选择检定点如下:

全检量程:在 40%U_m～100%U_m 范围内,均匀选取检定点(或最近刻度点),且不少于 4 点。

其他量程:取 40%U_m、70%U_m、100%U_m 三点(或最近刻度点)进行检定。

7.3.4.2 设定电压的检定

耐压仪设定电压的检定可按图1(a)、(b)两种方法进行。

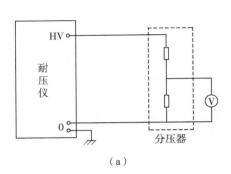 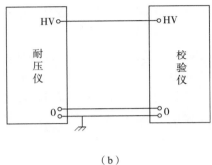

图 1 耐压仪输出电压的检定原理图

a) 按图1(a)连接线路,接好标准交流(直流)分压器、标准交流(直流)电压表,通电稳定。

将耐压仪的输出电压设定为 7.3.4.1 规定的检定点(或指针分别对准带有数字标记分度线),试验时读取标准交流电压表或标准直流电压表上的电压示值,输出电压测量值按公式(1)计算。

$$U_{nx} = m \cdot U_v \tag{1}$$

式中:

U_{nx}——被检耐压仪输出电压测量值,V;

m——标准分压器分压比;

U_v——标准电压表示值,V。

注:

1 标准电压表的最大允许误差应不超过被检耐压仪输出电压最大允许误差的五分之一。

2 标准分压器的最大允许误差应不超过被检耐压仪输出电压最大允许误差的十分之一。

数字式耐压仪,各检定点重复测量两次,取其平均值,作为输出电压实际值;指针式耐压仪应分别记录上升、下降的测量数据,计算两次测量的平均值,作为输出电压实际值。

设定电压误差用公式(2)计算。

$$\delta_{U_s} = \frac{U_s - U_n}{U_n} \times 100\% \tag{2}$$

式中：

δ_{U_s}——设定电压相对误差，%；

U_s——设定电压示值，kV；

U_n——输出电压实际值，kV。

b）按图 1(b)接线，采用直接测量法检定，由耐电压测试仪校验仪直接读取耐压仪输出电压实际值。设定电压误差用公式(2)计算。

7.3.4.3　显示电压的检定

具有电压显示的耐压仪，在检定其设定电压误差时，同时记录显示电压示值，显示电压误差用公式(3)计算。

$$\delta_{U_x} = \frac{U_x - U_n}{U_n} \times 100\% \tag{3}$$

式中：

δ_{U_x}——显示电压相对误差，%；

U_x——显示电压示值，kV；

U_n——输出电压实际值，kV。

7.3.4.4　允许采用满足 7.1.2 要求的其他方法检定输出电压。

7.3.5　电流的检定

具有交流及直流输出电压的耐压仪应对交流及直流输出电流分别进行检定。

7.3.5.1　检定点

a）击穿报警预置电流的检定点

通过按钮预置击穿报警电流的耐压仪，每个预置电流点均需检定；通过电位器预置或直接预置击穿报警电流的耐压仪，应在每个电流预置量程的 20%～100% 范围内均匀选取至少 3 个检定点（或最近刻度点）。

b）泄漏电流的检定点

对于具有泄漏电流指示的耐压仪，在每个电流量程的 20%～100% 范围内均匀选取至少 3 个检定点（或最近刻度点）。

7.3.5.2　击穿报警预置电流的检定

耐压仪击穿报警预置电流的检定可按图 2(a)、2(b)两种方法进行。

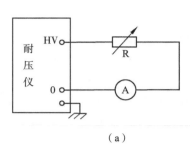
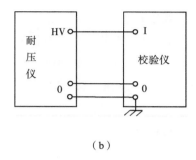

（a）　　　　　　　　　　　　　　（b）

图 2　耐压仪击穿报警电流值检定原理图

　　a）　按图 2（a）接好线路，连接耐压仪、可调电阻器 R 和标准电流表；根据检定点电流按公式（4）计算可调电阻器阻值。

$$R_i = \frac{0.1 \times U_H}{I_s} \tag{4}$$

式中：

I_s——耐压仪击穿报警预置电流预置值，mA；

R_i——可调电阻器阻值，kΩ；

U_H——耐压仪电压最大量程满度值，V。

　　击穿报警电流的设定值按由小至大的顺序设置，电阻器 R 置适当值。

　　调整输出电压至 $0.1U_H$，但不能低于 500 V。平稳调节电阻器 R 的阻值，同时观察标准电流表上的示值，直至耐压仪发出报警或切断输出电压，此时迅速读取标准电流表上的示值。每个检定点重复测量两次，取其平均值作为击穿报警电流实际值。

　　击穿报警预置电流误差用公式（5）计算。

$$\delta_{I_s} = \frac{I_s - I_n}{I_n} \times 100\% \tag{5}$$

式中：

δ_{I_s}——击穿报警预置电流相对误差，%；

I_s——击穿报警预置电流预置值，mA；

I_n——电流实际值，mA。

　　b）　按图 2（b）接好线路，用校验仪直接测量击穿报警电流值。

　　先将校验仪功能开关置交流（或直流）电压，将耐压仪也置交流（或直流）电压输出，其高端与校验仪电压端 HV 连接，调节耐压仪输出电压至 $0.1U_H$（但不低于500 V）后，保持耐压仪输出不变，切断输出。

将耐压仪输出高端接至校验仪电流端I,用公式(4)计算 R_i,并把电流调节盘的电阻放置大于 R_i 处。

启动耐压仪输出,平稳调节校验仪电流调节盘(减小电阻),同时观察校验仪上的电流示值,直至耐压仪发出报警或切断输出电压,此时迅速读取校验仪上的电流示值。每个检定点重复测量两次,取其平均值作为击穿报警电流实际值。

击穿报警预置电流误差用公式(5)计算。

c) 允许使用定电阻,平稳调节耐压仪电压输出,使电流逐渐增大至电流切断值的方法。

7.3.5.3 泄漏电流的检定

按图2连接耐压仪、负载电阻器和标准电流表或校验仪,并关闭耐压仪声光报警功能。

根据电流检定点按公式(6)计算负载电阻器的阻值,检定时调整输出电压至 $0.1U_H$,但不能低于 500 V。

$$R_i = \frac{U_i}{I_x} \tag{6}$$

式中:

U_i——耐压仪的输出电压,V;

I_x——泄漏电流示值,mA;

R_i——可调电阻器阻值,kΩ。

启动耐压仪,输出电流稳定后读取标准电流表或校验仪上的电流示值作为测量值。数字式耐压仪,各检定点重复测量两次,取其平均值,作为泄漏电流实际值;指针式耐压仪应分别记录上升、下降的测量数据,计算两次测量的平均值,作为泄漏电流实际值。

泄漏电流示值误差用公式(7)计算。

$$\delta_{I_x} = \frac{I_x - I_n}{I_n} \times 100\% \tag{7}$$

式中:

δ_{I_x}——泄漏电流相对误差,%;

I_x——泄漏电流示值,mA;

I_n——泄漏电流实际值,mA。

7.3.6 电压持续(保持)时间的检定

大于 20 s 范围内选择至少 1 个检定点,其中 60 s 为必选点。小于等于 20 s 范围内选择至少 1 个检定点。

将耐压仪时间控制置于定时方式。调整输出电压至 $0.1U_H$,但不能低于 500 V。按下输出"启动"键,当耐压仪输出电压达到稳定时自动或手动启动标准计时器,当发出切断信号时,自动终止计时。重复测量两次,两次测量结果的平均值即为电压持续(保持)时间实际值。持续(保持)时间设定值的示值绝对误差用公式(8)计算,相对误差用公式(9)计算。

$$\Delta_t = T_x - T_n \qquad (8)$$

$$\delta_t = \frac{T_x - T_n}{T_n} \times 100\% \qquad (9)$$

式中:

Δ_t——输出电压持续(保持)时间绝对误差,s;

T_x——输出电压持续(保持)时间设定值,s;

T_n——输出电压持续(保持)时间实际值,s;

δ_t——输出电压持续(保持)时间相对误差,%。

7.3.7　交流输出电压的失真度的检定

将耐压仪输出电压置于"交流"状态,按图 3 连接分压器和失真度测量仪,分压器应适当选择使输入电压在失真度测量仪允许输入电压范围内。调节输出电压至最大量程满度值 U_H,从失真度测量仪直接读取交流输出电压的失真度。

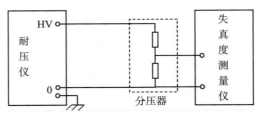

图 3　耐压仪交流输出电压的失真度检定原理图

注:回路电流 I_i 不大于 1 mA。

7.3.8　直流输出电压的纹波系数的检定

7.3.8.1　将耐压仪输出电压置于"直流"状态,并按图 4 连接分压器和交流电压表,分压器应适当选择使输入电压在交流电压表允许输入电压范围内,交流电压表的频带宽度不小于 10 kHz。调整输出电压至电压最大量程满度值 U_H,从电压表交流挡读取电压有效值,乘以分压器分压比 m,即为直流输出电压的纹波电压有效值 U_w。

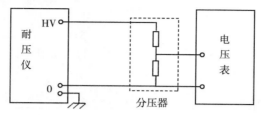

图 4　耐压仪直流输出电压纹波系数检定原理图

注:回路电流 I_i 不大于 1 mA。

7.3.8.2　按公式(10)计算直流输出电压的纹波系数。

$$D_{DCW} = \frac{U_w}{U_d} \times 100\% \qquad (10)$$

式中:

U_w——直流输出电压的纹波电压有效值,V;

U_d——直流输出电压的平均值,V;

D_{DCW}——直流输出电压的纹波系数,%。

7.3.9　实际输出容量的检定

7.3.9.1　根据耐压仪电压最大量程满度值 U_H 和最大击穿报警电流 I_H 计算负载电阻额定值 $R_H = \dfrac{U_H}{I_H}$。

7.3.9.2　按图5(a)连接测量电路,耐压仪输出电压最大量程满度值,读取标准电压表上的电压示值 U_v 和电流表的示值 I_n,切断输出电压,按公式(1)计算出耐压仪输出电压实际值 U_n。选用的分压器输入电阻应不小于 $100R_H$。

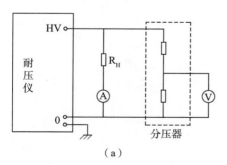
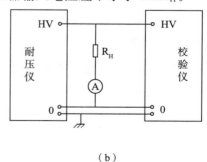

　　　　　　　(a)　　　　　　　　　　　　　　　　(b)

图 5　耐压仪实际输出容量的检定原理图

7.3.9.3　耐压仪实际输出容量与标称容量的百分比用公式(11)计算:

$$\eta_{\mathrm{P}} = \frac{P_{\mathrm{n}}}{P_{\mathrm{H}}} \times 100\% = \frac{U_{\mathrm{n}}I_{\mathrm{n}}}{U_{\mathrm{H}}I_{\mathrm{H}}} \times 100\% \qquad (11)$$

式中：

η_{P}——耐压仪实际输出容量与标称容量的百分比，%；

P_{H}——耐压仪的标称容量，W；

U_{H}——耐压仪的电压最大量程满度值，V；

I_{H}——耐压仪的最大击穿报警电流，A；

P_{n}——耐压仪的实际容量，W；

U_{n}——耐压仪输出电压实际值，V；

I_{n}——电流表上的电流示值，A。

7.3.9.4 按图5(b)连接测量电路，耐压仪输出电压最大量程满度值，读取校验仪的电压示值 U_{n} 和电流表的示值 I_{n}，切断输出电压，用公式(11)计算耐压仪实际输出容量与标称容量的百分比。

7.4 检定结果的处理

7.4.1 耐压仪示值误差数据修约间隔为最大允许误差的十分之一。判断耐压仪是否合格，一律以修约后的数据为准。

7.4.2 检定证书应出具实际值。

7.4.3 被检耐压仪各项要求均符合本规程中相应项目的要求，则说明该仪器检定合格，否则为检定不合格。检定合格的耐压仪出具检定证书，并根据检定结果，按本规程技术要求进行定级。检定不合格的，出具检定结果通知书，并注明不合格项目。各量程具有不同测量准确度时，按最低准确度等级指标定级。

7.5 检定周期

耐压仪检定周期一般不超过1年。

附录 A

检定原始记录格式

耐电压测试仪检定原始记录

被　检　仪　器					
送检单位		地　　址			
仪器名称		生产厂家			
型　号		出厂编号		准确度等级	
计　量　标　准　器					
标准名称		测量范围			
标准证书号		不确定度/准确度等级/最大允许误差		有效期至	
其　他　条　件					
检定依据		检定结论		证书编号	
检定条件	温度：℃ 相对湿度：%	检定员		核验员	
检定日期	年　　月　　日	有效期至		年　月　日	

共　页　　第　页

一、外观及通电检查

二、绝缘电阻试验

三、工频耐压试验

四、输出电压

量程 kV	设定值 kV	显示值 kV	测量值（AC） kV	实际值 kV	设定电压 误差 %	显示电压 误差 %

共　页　第　页

五、电流

1. 击穿报警预置电流

量程 mA	预置值 mA	测量值（AC） mA		实际值 mA	误差 %	测量值（DC） mA	实际值 mA	误差 %

2. 泄漏电流

量程 mA	泄漏电流示值 mA	测量值（AC） mA		实际值 mA	误差 %	测量值（DC） mA	实际值 mA	误差 %

六、输出电压的持续（保持）时间

量程 s	设定值 s	测量值 s	实际值 s	误差

七、交流输出电压的失真度

八、直流输出电压的纹波系数

九、实际输出容量

标称容量：_____W；实际容量：_____W。

131

附录 B

检定证书/检定结果通知书内页格式(第 2 页)

证书编号　×××××-××××

检定机构授权说明				

检定环境条件及地点：				
温　度	℃	地　点		
相对湿度	%	其　他		

检定使用的计量(基)标准装置

名　称	测量范围	不确定度/准确度等级/最大允许误差	计量(基)标准证书编号	有效期至

检定使用的标准器

名　称	测量范围	不确定度/准确度等级/最大允许误差	检定/校准证书编号	有效期至

附录 C

检定证书/检定结果通知书检定结果页式样(第 3 页)

C.1　检定证书第 3 页

证书编号　××××××-××××

检 定 结 果

一、外观及通电检查：

二、绝缘电阻试验：

三、工频耐压试验：

四、输出电压(kV)：

量程	设定值	显示值	实际值	
			DC	AC

五、电流(mA)：

击穿报警预置电流				泄漏电流			
量程	预置值	实际值		量程	示值	实际值	
		DC	AC			DC	AC

六、输出电压的持续(保持)时间(s):

设定值	实际值

七、交流输出电压的失真度:

八、直流输出电压的纹波系数:

九、输出容量:

标称容量:_____W;实际容量:_____W。

　　　　　以下空白

C.2　检定结果通知书第 3 页

证书编号　××××××-××××

检 定 结 果

一、外观及通电检查:

二、绝缘电阻试验:

三、工频耐压试验:

四、输出电压(kV):

量程	设定值	显示值	实际值	
			DC	AC

五、电流(mA)：

击穿报警预置电流				泄漏电流			
量程	预置值	实际值		量程	示值	实际值	
		DC	AC			DC	AC

六、输出电压的持续(保持)时间(s)：

设定值	实际值

七、交流输出电压的失真度：

八、直流输出电压的纹波系数：

九、输出容量：

　　标称容量：_____W；实际容量：_____W。

检定结果不合格项：

　　　　以下空白

GB/T 32192—2015《耐电压测试仪》

1 范围

本标准规定了耐电压测试仪的术语和定义、分类、要求、检验方法、检验规则、标志、包装、运输和贮存。

本标准适用于最高输出电压不高于 15 kV 的数字显示以及模拟(指针)指示的交流(工频)和直流耐电压测试仪(以下简称"测试仪"),也适用于符合上述条件的其他试验测试仪器的耐电压部分。

本标准不适用于匝间冲击电压试验仪等输出电压为脉冲电压或瞬态电压的电压测试仪器。

2 规范性引用文件

下列文件对于本文件的应用是必不可少的。凡是注日期的引用文件,仅注日期的版本适用于本文件。凡是不注日期的引用文件,其最新版本(包括所有的修改单)适用于本文件。

GB/T 191—2008 包装储运图示标志(ISO 780:1997,MOD)

GB/T 2423.1—2008 电工电子产品环境试验 第 2 部分:试验方法 试验 A:低温(IEC 60068-2-1:2007,IDT)

GB/T 2423.2—2008 电工电子产品环境试验 第 2 部分:试验方法 试验 B:高温(IEC 60068-2-2:2007,IDT)

GB/T 2423.4—2008 电工电子产品环境试验 第 2 部分:试验方法 试验 Db:交变湿热(12 h+12 h 循环)(IEC 60068-2-30:2005,IDT)

GB/T 2423.5—1995 电工电子产品环境试验 第 2 部分:试验方法 试验 Ea 和导则:冲击(IEC 60068-2-27:1987,IDT)

GB/T 2423.10—2008 电工电子产品环境试验 第 2 部分:试验方法 试验 Fc:振动(正弦)(IEC 60068-2-6:1995,IDT)

GB/T 2423.22—2012 环境试验 第 2 部分:试验方法 试验 N:温度变化(IEC 60068-2-14:2009,IDT)

GB 4208—2008　外壳防护等级（IP 代码）（IEC 60529：2001，IDT）

GB 4793.1—2007　测量、控制和实验室用电气设备的安全要求　第 1 部分：通用要求（IEC 61010-1：2001，IDT）

GB 4824—2013　工业、科学和医疗（ISM）射频设备　骚扰特性　限值和测量方法（CISPR 11—2003，IDT）

GB/T 6587—2012　电子测量仪器通用规范

GB/T 9969—2008　工业产品使用说明书　总则

GB/T 11463—1989　电子测量仪器可靠性试验

GB/T 13384—2008　机电产品包装通用技术条件

GB/T 13426—1992　数字通信设备的可靠性要求和试验方法

GB/T 16511—1996　电气和电子测量设备随机文件（IEC 1187：1993，IDT）

GB/T 17626.2—2006　电磁兼容　试验和测量技术　静电放电抗扰度试验（IEC 61000-4-2：2001，IDT）

GB/T 17626.3—2006　电磁兼容　试验和测量技术　射频电磁场辐射抗扰度试验（IEC 61000-4-3：2002，IDT）

GB/T 17626.4—2008　电磁兼容　试验和测量技术　电快速瞬变脉冲群抗扰度试验（IEC 61000-4-4：2004，IDT）

GB/T 17626.5—2008　电磁兼容　试验和测量技术　浪涌（冲击）抗扰度试验（IEC 61000-4-5：2005，IDT）

GB/T 17626.6—2008　电磁兼容　试验和测量技术　射频场感应的传导骚扰度（IEC 61000-4-6：2006，IDT）

GB/T 17626.11—2008　电磁兼容　试验和测量技术　电压暂降、短时中断及电压变化的抗扰度试验（IEC 61000-4-11：2004，IDT）

GB/T 18268.1—2010　测量、控制和实验室用的电设备　电磁兼容性要求　第 1 部分：通用要求（IEC 61326-1：2005，IDT）

3　术语和定义

下列术语和定义适用于本文件。

3.1

耐电压测试仪　withstanding voltage tester

用于对各种电气设备、绝缘材料和绝缘结构等的绝缘(介电)强度进行检测和试验的仪器。

3.2

指示器　indicator equipment

测试仪输出电压、击穿电流设定值、测量值及定时单元的组件。

3.3

定时　definite time

确定测试仪在设定电压下的测试工作时间。

3.4

复位　reset

使测试仪由报警、定时结束状态恢复到测量准备状态;或者清除上次测量结果,使其处于测量准备状态。

3.5

额定输出电压　rated output voltage

测试仪高压输出端能够输出的保证测试仪长期连续正常工作的最高电压。

3.6

额定输出电流　rated output current

测试仪在额定输出电压下能够输出的保证测试仪长期连续正常工作的最大电流。

3.7

击穿报警电流　breakdown warning current

在测试仪上设置的电流值,当测试仪输出电流大于该值时,测试仪应自动切断输出电压并发出报警信号。

3.8

电压持续(保持)时间　voltage duration

测试仪的输出电压在稳定阶段所经历的时间,不包括电压上升和下降的时间。

3.9

标称容量　nominal capacity

测试仪的额定输出电压与额定输出电流的乘积。

4　产品分类

4.1　按输出电压类型分类

可分为交流测试仪和直流测试仪。

4.2　按显示方式分类

可分为模拟(指针)指示测试仪和数字显示测试仪。

4.3　按升压方式分类

可分为机械升压测试仪和电子升压测试仪。

> 注:由手动调压、测量电路及指示(显示)等部分组成的为机械升压;由升压(调压器或可程控功率放大器)、测量电路及数字显示等部分组成的为电子升压。电子升压测试仪输出电压时应设计成在低电压下接通内部高压变压器,开始时不大于 $\frac{1}{2}$ 试验值,然后缓慢升到试验值;试验完成后以同样的速度降低电压回零位才切断高压变压器电源。

4.4　按是否具有程控功能分类

可分为程控测试仪和非程控测试仪。

5　要求

5.1　技术要求

5.1.1　准确度

5.1.1.1　准确度等级

测试仪的准确度等级为 1、2、5、10 级。对于不同的测量范围,一台测试仪可以被赋予不同的准确度等级,但一个量程只能有一个准确度等级。

5.1.1.2 最大允许误差

不同等级测试仪输出电压、击穿电流最大允许误差应符合表 1 的规定。

表 1　准确度等级及最大允许误差

准确度等级	1	2	5	10
最大允许误差/%	±1	±2	±5	±10

5.1.1.2.1 输出电压

输出电压示值的最大允许误差应满足表 1 规定,数字显示测试仪在基本量程满度值的 10% 点指示值应符合最大允许误差的规定。误差计算公式见附录 A 中式(A.4)。

5.1.1.2.2 击穿报警电流

击穿报警电流示值的最大允许误差应满足表 1 规定,数字显示测试仪在基本量程满度值的 10% 点指示值应符合最大允许误差的规定。

5.1.1.2.3 输出电压持续(保持)时间

输出电压持续(保持)时间设定示值与实测值之差不应超过实测值的 5%。

5.1.1.2.4 直流输出电压纹波系数

当输出电流为 1 mA(负载为阻性负载)时,测试仪直流输出电压的纹波系数不应超过 5%。

5.1.1.2.5 交流输出电压失真度

空载和额定负荷(阻性负载)条件下,测试仪交流输出电压的失真度不应超过 5%。

5.1.1.2.6 交流输出电压频率

程控式测试仪交流输出电压频率的设定值和实际值之差不应超过设定值的 1%。

5.1.1.2.7 实际输出容量

测试仪实际输出容量不应低于标称容量的 90%。

140

5.1.1.3 确定最大允许误差的条件

各等级测试仪与各个影响量有关的参比条件及其允许偏差见表2。

表2 影响量的参比条件及其允许偏差

影响量	参比条件(除非制造单位另有规定)	允许偏差
环境温度	20 ℃	±5 ℃
相对湿度	60%	±15%
电源电压	220 V	±5%
电源频率	50(或60)Hz	±5%
电源失真度	0%(纯正弦)	不大于5%

5.1.1.4 影响量的极限及允许该变量

当测试仪在参比条件下处于稳定工作状态,而某单个影响量按照6.7.2的要求变化时,除非制造单位对改变量另有规定,测试仪均应符合表3的规定。

表3 影响量的极限及允许改变量

影响量	影响量的极限	允许改变量/%
环境温度	—5 ℃和45 ℃	50
相对湿度	20%和90%	50
电源电压	参比值的±10%	50
电源频率	参比值的±5%	50
注:允许改变量以最大允许误差的百分数表示。		

5.1.2 分辨力

数字显示测试仪的分辨力应不低于准确度等级的1/5,模拟指示测试仪分辨力见表4。

表4 模拟指示测试仪的分辨力

准确度等级	2级及以上等级	5级及以下等级
模拟指示测试仪指示器最小刻度(格)	1/100	1/50

5.1.3 最大输出电流与短路电流

5.1.3.1 交流测试仪最大输出电流不应小于3.5 mA,直流测试仪最大输

出电流不应小于 10 mA。

> 注：最大输出电流有关标准称为脱扣电流、跳闸电流、跳脱电流或击穿电流等。

5.1.3.2 最大输出电流达到 100 mA 的交流测试仪，其输出短路电流不应小于 200 mA。

5.2 功能要求

5.2.1 报警功能

测试仪应具有高压输出警示，当电流值超过预置击穿报警电流时，测试仪能够自动切断输出电压及电流，同时发出声光报警信号。

5.2.2 定时功能

测试仪应具有定时功能，并具有"开启"和"关闭"的选择功能，有时间调节装置和时间指示器。定时的方式、范围及其最大允许误差由产品随机文件规定。测试仪应从试验电压升到设定值时开始计时。被试件在要求的输出电压下达到预置电压持续时间后，测试仪应能自动切断输出电压。

5.2.3 复位功能

测试仪复位后均能处于待机状态，并使其处于再次测试准备状态。

5.2.4 其他功能

若测试仪具有通讯、遥控等本标准要求以外的其他功能，应能达到产品标准或说明书等随机文件明示的要求。

5.3 机械要求

5.3.1 外观标志及结构

5.3.1.1 外观标志

5.3.1.1.1 测试仪各种外部接口应有明确标识，高压输出端应有明显的高压输出标志及其他必要的警示标志；接地端子应标志清晰，不能标记在可拆卸的部件上；低压端不接地的测试仪应有明确说明并应在操作面板上有明确的标志；铭牌应清晰明显，并不易被擦掉；电源输入端应标明额定工作电压及频率并应有标明保险丝熔断电流大小的标志。

> 注："低压端不接地"指测试仪高压变压器的低电位端处于浮地状态，与测试仪的接地端钮不存在电气上的连接。

5.3.1.1.2 金属外壳应有良好的表面处理，不得有镀层脱落、锈蚀、霉斑等现象,也不应有划伤、玷污等痕迹,不允许有明显变形损坏或缺损;塑料外壳应具有足够的机械强度,不得有缺损和开裂、划伤和污迹,不允许有明显的变形;所有按键及按钮控制应灵活可靠、无卡滞现象;电器部件应无明显位移或脱落等现象。

5.3.1.2　结构

5.3.1.2.1　测试仪应具备高压启动、复位键,所有端子固定方式应确保充分的和持久的接触,以免松动和发热;接线端钮(接地端子除外)、按键及插座应具有绝缘防护措施,插座应有锁定装置。

5.3.1.2.2　未在测试仪后面板设置自然通风孔或百叶窗的测试仪外壳的防护等级应符合 GB 4208—2008 规定的 IP51 要求;在测试仪后面板设置自然通风孔或百叶窗的测试仪在相应部位还应符合 GB 4208—2008 规定的防护等级 IP31,采用强制通风时,应有除尘装置,在距离测试仪 1 m 范围内其噪声参比值为 60 dB,最大允许误差为±5 dB。

5.3.2　指示与显示

测试仪在通电时指示或显示应清晰完整。

5.3.3　冲击

试验应在测试仪无包装、非工作状态下在表 7 所列条件下按 GB/T 2423.5—1995 的规定进行冲击试验,波形选用半正弦波。试验后测试仪不应出现损坏或信息改变,并能按本标准准确的工作。

5.3.4　振动

试验应在测试仪无包装、非工作状态下在表 8 所列条件下按 GB/T 2423.10—2008 的规定进行振动试验。试验后测试仪不应出现损坏或信息改变,并能按本标准准确的工作。

5.3.5　运输

试验应在测试仪及其附件在完整满包装状态下按 GB 6587—2012 中 Ⅱ 组的要求进行,试验后测试仪应不出现损坏或信息改变,并能按本标准准确的工作。

5.4 气候条件

5.4.1 温度范围

测试仪的温度范围应符合表 5 的规定。

表 5　温度范围

范　围	温　度
工作范围	−5 ℃～45 ℃（3K5 级）
极限工作范围	−10 ℃～55 ℃（修改后的 3K6 级）
贮存和运输极限范围	−25 ℃～70 ℃（3K8H 级）
注 1：3K6 级为−25 ℃～55 ℃。 注 2：对特殊用途，可在订货合同中规定其他温度值。 注 3：贮存和运输极限范围温度极值下最长时间为 24 h。	

5.4.2 湿度范围

测试仪的湿度范围应符合表 6 的规定。

表 6　湿度范围

范　围	相对湿度	参比条件
工作范围	45%～75%	40 ℃
极限工作范围	20%～90%	50 ℃
贮存和运输极限范围	≤90%	50 ℃;24 h

表 7　冲击试验的影响量

峰值加速度 A		相应的标称脉冲持续时间 D	相应的速度变化量 Δv		
			半正弦	后峰锯齿	梯形
m/s²	g_n	ms	m/s	m/s	m/s
300	30	18	3.4	2.6	4.8

表8 振动试验的影响量

频率范围 Hz	交越频率 Hz	频率<60 Hz 恒定振幅 mm	频率>60 Hz 恒定加速度 m/s²	控 制	每一轴向 扫频周期数
10～150	60	0.075	10(1g)	单点	10

注：10 个扫频周期为 75 min。

5.5 电气要求

5.5.1 通用要求

测试仪应被设计成在正常条件下正常工作时不致引起任何危险,尤其应确保:

——防电击的人身安全;

——防过高温度的人身安全;

——防火焰蔓延;

——在正常工作条件下可能经受腐蚀的所有部件应受有效防护。在工作条件下任何防护层既不应在一般的操作时会受损,也不应由于暴露在空气中而受损。

5.5.2 防触电保护

测试仪的外壳应具有防止触电的良好的保护。可触及的金属零件或部件不应带电,用标准试验指可触及的带电零件、组件,应用绝缘材料将其与带电零件、组件隔离;用来控制带电的元件或组件的外部旋钮,手柄等应用绝缘材料制成。

5.5.3 安全要求

5.5.3.1 绝缘电阻

5.5.3.1.1 低压端不接地的测试仪高压输出端子与外壳之间的绝缘电阻应不低于 100 MΩ。

5.5.3.1.2 测试仪电源端子对机壳的绝缘电阻应不小于 50 MΩ。

5.5.3.2 抗电强度

5.5.3.2.1 测试仪处于非工作状态,电源输入端与外壳之间施加 50 Hz、有效值 1.5 kV 的正弦波试验电压,试验电流置 5 mA 挡,历时 1 min,不应有异常声响,也不应出现飞弧或者击穿现象。对于在电源输入端使用了电源滤波器的测试仪,宜使用 2.1 kV 的直流电压进行试验。

5.5.3.2.2 低压端不接地的测试仪高压输出端子与外壳之间施加 50 Hz、表 9 所示的试验电压,历时 1 min,不应有异常声响,电流不应突然增加,也不应出现飞弧或者击穿现象。

表 9 抗电强度试验电压

测试仪输出额定电压(U_N)	$U_N{\leqslant}5$ kV	$U_N{>}5$ kV
试验电压有效值	$1.2\,U_N$	$1.1\,U_N$

5.5.3.3 泄漏电流

应符合 GB 4793.1—2007 中 6.3 的规定,在非工作状态下,对电源进线端与机壳之间施加 1.06 倍的额定输入电压,泄漏电流应不大于 0.5 mA。

5.5.3.4 保护接地

应符合 GB 4793.1—2007 中 6.5.1.3 的规定,在非工作状态下,电源输入插座中的保护接地点(电源接地端子)与保护接地的所有易触及金属部件之间施加直流 25 A 或额定电源频率交流 25 A 有效值试验电流 1 min 后阻抗不得超过 0.1 Ω。

5.5.4 电源适应性

应符合 GB/T 6587—2012 中 4.10 的规定,在表 10 中任何电压和频率组合情况下,测试仪仪器的性能特性不应受到影响。

表 10 电源频率与电压

名 称	参比值(除非制造单位另有规定)	允许偏差
电源频率	50(60)Hz	±5%
电源电压	220 V	±10%

5.6　电磁兼容性(EMC)要求

测试仪应能保证在以下电磁干扰影响下无损坏或信息改变,并能够正确工作,且测试仪不应发生能干扰其他设备的传导和辐射骚扰。除非产品规范另有规定,测试仪的电磁兼容性均应符合 GB/T 18268.1 标准中对 A 类设备的发射(EMI)要求和用于工业场所的抗扰度(EMS)要求的规定。

5.6.1　电磁骚扰(EMI)

5.6.1.1　电源端子骚扰电压

应符合 GB/T 18268.1 和 GB 4824—2004 对 A 类设备的要求。发射限值见表 11。

表 11　设备电源端子骚扰电压限值

频段/MHz		0.15～0.5	0.5～5	5～30
限值/dB(μV)	准峰值	79	73	73
	平均值	66	60	60

5.6.1.2　辐射骚扰

应符合 GB/T 18268.1 和 GB 4824—2004 对 A 类设备的要求。发射限值见表 12。

表 12　设备辐射骚扰限值(测量距离 10 m)

频段/MHz	骚扰限值/dB(μV/m)
30～230	40
230～1 000	47

5.6.2　电磁抗扰度(EMS)

应符合 GB/T 18268.1 和 GB/T 17626.2、GB/T 17626.3、GB/T 17626.4、GB/T 17626.5、GB/T 17626.6、GB/T 17626.11 的规定,试验等级及性能判据见表 13。

表 13　抗扰度试验等级及性能判据

端口	试验项目	基础标准	试验值	性能判据
外壳	静电放电（ESD）	GB/T 17626.2	接触放电 4 kV,空气放电 8 kV	B
	射频电磁场辐射	GB/T 17626.3	10 V/m(80 MHz～1 000 MHz)	A
			3 V/m(1.4 GHz～2 GHz)	
			1 V/m(2.0 GHz～2.7 GHz)	
交流电源	电压暂降	GB/T 17626.11	0% 1 周期	B
			40% 10 周期	C
			70% 25 周期	C
	短时中断	GB/T 17626.11	0% 250 周期	C
	脉冲群	GB/T 17626.4	2 kV	B
	浪涌	GB/T 17626.5	1 kV^a/2 kV^b	B
	射频场感应的传导骚扰	GB/T 17626.6	3 V(150 kHz～80 MHz)	A

注：性能判据见 GB/T 18268.1。

ª 线对线；

ᵇ 线对地。

5.7　可靠性要求

5.7.1　测试仪在正常工作条件下能在规定的时间内可靠运行,一旦出现异常时保护装置能够及时启动,避免对人机构成威胁。测试仪可靠性特征值应符合 GB/T 11463—1989 的要求。

5.7.2　具有通信功能的测试仪应符合 GB/T 13426—1992 的要求。

6　试验方法

6.1　试验条件

除非在有关条款中另有规定,试验应在下列条件下进行：

a)　正常工作位置,所有应接地的部件接地；

b)　大气压力:86 kPa～106 kPa；

c)　试验前测试仪应通电并达到规定的热稳定时间；

d)　所使用的标准仪器与试验设备在其实际测量范围内的最大允许误差应不超过被测量允许误差的 $\frac{1}{5}$；

e)　测试容量的负载电阻器应有足够大的功率能满足测试仪全部输出试验电压的要求;

f)　电气试验所使用的耐电压试验仪、泄漏电流测试仪准确度等级不低于5级,绝缘电阻测试仪准确度等级不低于10级;并具有满足测量要求的测量范围,且连续可调;

g)　由标准器、辅助设备及环境条件所引起的扩展不确定度不应大于被试测试仪最大允许误差的三分之一(包含因子k取2);

h)　试验场地应保持干燥、清洁,且无强电磁干扰及明显的振动和冲击;

i)　表2各个影响量的参比条件和允差。

6.2　一般检查

6.2.1　外观标志及结构检查

通过目测观察测试仪的外观结构,应无明显影响其正常工作的缺陷;手动调节机械零位调节装置,模拟指示测试仪应无卡针现象,检查接线端钮、按键或插座接触情况、有无松动等。试验结果应符合5.3.1.1～5.3.1.2.1的要求。

6.2.2　散热和通风

通过目测观察和标准仪器与试验设备测量,检查采用强制通风测试仪的噪声,试验结果应符合5.3.1.2.2要求。

6.2.3　指示和显示的检查

可在准确度试验的同时进行,试验结果应符合5.3.2要求。

6.3　分辨力检查

可在准确度试验的同时进行,检查其最高分辨力。

6.3.1　对测试仪输出电压(对于模拟指示测试仪,选择有数字的刻度)进行微调,使其末位变化一个字(或一个最小刻度单位),读取此时测试仪指示值U_1,然后再次微调测试仪输出电压,使测试仪末位刚好变化一个字(或一个最小刻度单位),读取测试仪的指示值U_2,取两次示值之差$\Delta U = U_2 - U_1$即为测试仪的最高分辨力。

6.3.2　检查过程中,指示值应平稳上升或下降,模拟指示测试仪的指针应无停顿和卡死现象。

6.4 准确度试验

6.4.1 试验一般要求

对于输出频率可调（50 Hz 和 60 Hz）的测试仪，在频率 60 Hz 下，可仅对测试仪交流输出试验电压、交流输出电压失真度和交流输出电压频率项目进行试验。

6.4.2 输出电压

6.4.2.1 对测试仪每一个输出电压量程挡都应进行试验。最高量程为全检量程，其他量程选点检测。设测试仪各量程满度值为 U_m，选择检测点如下：全检量程：在 $40\%U_m \sim 100\%U_m$ 范围内，均匀选取检测点（或最近刻度点），且不少于四点。其他量程：$40\%U_m$、$70\%U_m$、$100\%U_m$ 三点（或最近刻度点）进行检测。对模拟式表头的测试仪应校正高压输出指示表头，使指针位于零位。对于输出频率可调的测试仪，应在 50 Hz 和 60 Hz 分别进行检测。

6.4.2.2 测试仪交流输出电压的试验可按图 1a)、图 1b)两种方法进行，误差计算公式见附录 A 中式（A.5）。

6.4.2.3 若按图 1b)接线，则采用直接测量法检测，可由耐电压测试仪校验仪或高压电压表直接读取测试仪实际输出电压值。若按图 1a)线路试验，则接好线路，断开开关 K，通电稳定。将测试仪的输出电压示值调至规定的检测点（或指针分别对准带有数字标记分度线）上进行检测；读取交流标准电压表上的电压示值。测试仪输出电压由小至大，重复测量两次，取其平均值，即为测试仪输出电压实测值。测试仪输出电压按式（1）计算。

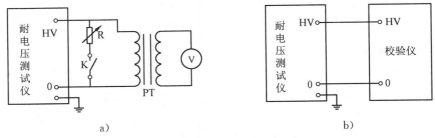

图 1　测试仪输出电压的试验接线图

$$U_n = k U_v \quad \cdots\cdots\cdots\cdots\cdots\cdots\cdots（1）$$

式中：

U_n——测试仪输出电压实际值，单位为伏（V）；

U_v——标准电压表示值，单位为伏（V）；

k ——标准电压互感器变比。

6.4.3　击穿报警电流

6.4.3.1　击穿报警电流的设定误差试验可按图 2 线路进行。允许使用定电阻,平稳调节测试仪电压输出,使电流逐渐增大至电流切断值的方法。误差计算公式见附录 A 中式(A.6)。

6.4.3.2　按图 2a)连接测试仪、负载电阻器和标准电流表或校验仪;根据检测点电流按式(2)计算负载电阻器的阻值。击穿报警电流的设定值按由小至大的顺序设置,负载电阻器置适当值。调整输出电压至 $0.1\,U_H$,但不能低于 500 V。调整负载电阻器的阻值 *R*,同时观察毫安表上的示值,直至测试仪发出报警或切断输出电压,此时迅速读取电流值。重复测量两次,取其平均值,即为击穿报警电流实测值。

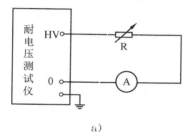
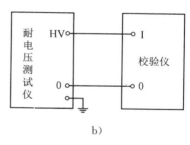

a)　　　　　　　　　　　　　　　b)

图 2　测试仪击穿报警电流值的试验接线图

$$R = 0.1\,U_H/I_x \quad \cdots\cdots\cdots\cdots\cdots\cdots\cdots\cdots\cdots(2)$$

式中:

R ——可调电阻器阻值,单位为千欧(kΩ);

U_H ——测试仪额定电压值,单位为伏(V)。

I_x ——测试仪击穿报警电流的设定标称值,单位为毫安(mA);

　　6.4.3.3　按图 2b)接好线路,用耐电压测试仪校验仪直接测量击穿报警电流值。先将校验仪功能开关置"AC"(或"DC")电压,将测试仪也置"AC"(或"DC")电压输出,其高压端与校验仪电压端 V 连接,调节测试仪输出电压至 $0.1\,U_H$ 后,保持测试仪输出不变,切断输出。将测试仪输出高端接至校验仪电流端 I,并把电流调节盘的电阻放置大于 *R* 处。启动测试仪输出,平稳调节校验仪电流调节盘(减小电阻),使电流逐渐增大至电流切断,校验仪示值即为击穿报警电流值。重复测量两次,取其平均值,即为击穿报警电流实测值。

6.4.3.4 在每个电流量程的 10％～100％范围内均匀选取至少五个试验点（或最近刻度点）进行试验。

6.4.4 输出电压持续(保持)时间

将测试仪时间控制置于定时方式,然后从小到大设定时间。按下输出"启动"键的同时,应自动启动标准计时器,当发出切断信号时,自动终止计时。重复测量两次,两次测量结果的平均值即为测试仪电压持续(保持)时间实测值。误差计算公式见附录 A 中式(A.7)。

6.4.5 直流输出电压的纹波系数

测试仪置于"直流"状态,并按图 3 线路连接。调节测试仪输出电压至额定值,从电压表交流挡读取直流输出电压的有效值 U_w,该值乘以分压器分压比 k,即为直流输出电压的纹波电压有效值 kU_w。

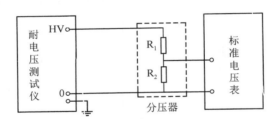

图 3 直流输出电压纹波系数的试验接线图

直流输出电压纹波系数基值误差用式(3)计算:

$$D_\mathrm{DCW} = \frac{kU_\mathrm{w}}{U_\mathrm{d}} \times 100\% \quad \cdots\cdots\cdots\cdots\cdots\cdots\cdots (3)$$

式中:

D_DCW——直流输出电压的纹波系数;

U_w——直流输出电压的纹波电压有效值;

U_d——直流输出电压的平均值;

k——直流分压比。

6.4.6 交流输出电压失真度

将测试仪输出电压置于"交流"状态,按图 4 连接分压器和失真度测量仪。调节输出电压至额定值。选择适当的分压器使失真度测量仪输入电压在其允许输入电压范围内,从失真度测量仪直接读取交流输出电压的失真度。对于输出频率可调的测试仪,应在 50 Hz 和 60 Hz 分别进行检测。

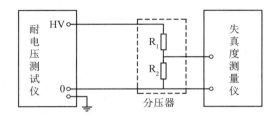

图 4　交流输出电压失真度的试验接线图

注:回路电流 I_i 最大为 1 mA。

6.4.7　交流输出电压频率

按图 5 连接测试仪、分压器和频率计,将测试仪输出电压置于"交流"状态,并设定电压频率;对于输出频率可调的测试仪,应在 50 Hz 和 60 Hz 分别进行检测。

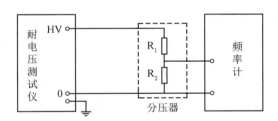

图 5　交流输出电压频率的试验接线图

6.4.8　实际输出容量

6.4.8.1　采用半负荷下电压跌落测量的方法,按图 1a)连接测量电路。交流(或直流)测试仪输出二分之一额定电压值,读取标准交流(或直流)电压表上的电压示值,切断输出电压,根据式(1)计算出测试仪输出交流(或直流)电压实际值 U_1。根据交流(或直流)测试仪额定交流(或直流)电压值 U_H 和最大击穿报警电流 I_H 计算交流(或直流)负载电阻额定值 $R_H(R_H = U_H/I_H)$。将开关 K 接通,可将交流(或直流)电阻 R 调到与 R_H 的值相近处,启动测试仪输出交流(或直流)电压,读取标准交流(或直流)电压表上的交流(或直流)电压示值,计算出 U_2。

6.4.8.2　用校验仪检测交流(或直流)测试仪的容量,将校验仪选择开关置

"容量"。先不接交流(或直流)负载电阻 R 端,按 6.4.8.1 读取 U_1。接通与 R_H 相近的交流(或直流)负载电阻 R 端,读取 U_2。

6.4.8.3　按式(4)计算测试仪交流(或直流)实际输出容量:

$$P = \left(1 - \frac{U_1 - U_2}{U_2} \times \frac{R}{R_H}\right) \times U_H \times I_H \quad \cdots\cdots\cdots\cdots（4）$$

6.5　功能检查

6.5.1　报警功能

没有特别说明时,选择 20 mA 试验电流按图 2a)连接测试仪和可调标准电阻器 R,调整输出电压至 $0.1U_H$,但不能低于 500 V。调节 R 的阻值,同时观察毫安表上的示值,直至测试仪切断输出电压并发出击穿报警信号。检查报警时电流实际值是否与预置相一致。也可按图 2b)连接线路用校验仪直接观察电流示值,调整输出电压直至测试仪切断输出电压并发出击穿报警信号。检查报警时电流实际值是否与预置相一致。此项试验可与 6.4.3 同时进行。

6.5.2　定时功能

选在测试仪空载时进行,定时时间选择 60 s 及其他任意两个时刻,如果用户有特殊要求可增加试验点。试验步骤如下:

a)　接通测试仪定时开关,设置定时时间 T,试验电压输出设置为参考值(没有特别说明时,选择0.5 kV 试验电压);

b)　启动测试仪,检查测试仪是否在试验电压升到设定值时自动启动计时器;

c)　定时结束时,检查测试仪输出试验电压是否在该时刻开始逐渐降压回零位;

d)　定时结束后,有测量结果保持功能的应在相应指示器稳定指示测量结果。

6.5.3　复位功能

测试仪输出电压状态下,按下复位键。此项试验可与 6.4.2 试验同时进行。

6.5.4　其他功能

如测试仪具有通讯、遥控等其他功能提供通信接口,应进行此项试验。

按产品随机文件的规定,对通信接口的类型、功能、通信协议及所传递的信息等逐一进行检查。

6.6　额定输出电流与短路电流试验

6.6.1　额定输出电流检查

对交流测试的输出电流选择 3.5 mA,如额定输出电流达到 100 mA 的测试仪同时选择 100 mA,对直流测试仪的输出电流选择 10 mA,按 6.5.1 的方法检查。

6.6.2　短路电流试验

对额定输出电流达到 100 mA 的交流耐电压测试仪,选择适当的分压器,使输入到高压示波器的电压在其允许范围内,没有特别说明时,电阻 R_1 选 15 kΩ,电阻 R_2 选 1 kΩ,按照图 6 接线。选择试验电压 3.5 kV,启动电压输出后闭合开关 K,在示波器上读取 R_2 上的最大峰值电压,通过有效值计算电流,判断输出短路电流。

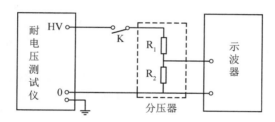

图 6　交流输出电压短路试验接线图

6.7　影响量试验

6.7.1　试验条件

各影响量在表 3 规定的极限范围的极限值,而其他影响量在其参比条件允许偏差范围内,在最大量程 100% 额定输出电压点按 6.4.2 的方法试验。

6.7.2　改变量的确定条件

各改变量的确定条件如下:

　　a)　应对各个影响量确定其相应的误差改变量。在各次影响量引起测试仪误差改变的试验期间,所有其他影响量均应保持在其参比条件下。

    b) 当测试仪指定一个参考值时,影响量应在该值和表 3 规定的极限工作范围内的任意值之间变化。

    c) 当测试仪由制造单位依据产品标准指定一个参考范围和标称使用范围时,影响量应在参考范围的各个极限和与之相邻的标称使用范围部分内的任意值之间变化。

6.8　环境适应性试验

所有以下试验结束后,测试仪不应出现损坏或信息改变,24 h 后应符合 6.4 和 6.5 的规定,若在试验后,对测试仪所进行的调整影响到其部分性能时,则只对因调整而影响到的那些特性进行有限的试验。

6.8.1　温度变化试验

按 GB/T 2423.22—2002 规定,在下列条件下进行试验 Nb:

——低温 T_A:—10 ℃,高温 T_B:55 ℃;

——温度变化速率:(3 ± 0.6)℃/min;

——循环个数:2 个;

——暴露时间 t_1:3 h。

条件试验结束,将试验样品保留在试验标准大气条件下恢复,时间足以达到温度稳定后按 6.2、6.5 和 6.9.1.2 进行试验。

6.8.2　高温试验

按 GB/T 2423.2—2008 规定,在下列条件下进行试验 Bb:

——测试仪为非工作状态;

——温度:+70 ℃±2 ℃;

——持续时间:72 h。

条件试验结束,按 6.2 和 6.5 进行试验。

6.8.3　低温试验

按 GB/T 2423.1—2008 规定,并在下列条件下进行试验 Ab:

——测试仪为非工作状态;

——温度:—25 ℃±3 ℃;

——试验时间:72 h。

条件试验结束,按6.2和6.5进行试验。

6.8.4　交变湿热试验

按GB/T 2423.4—2008的规定,并在下列条件下进行试验Db:

——测试仪处于通电状态;

——测试仪试验电压源无输出;

——上限温度:+55 ℃±2 K;

——不采用特殊措施来排除表面的潮气;

——循环次数:6;

——试验结束,待试验样品恢复至参比环境温度静置24 h后按6.2和
　　6.5进行试验,还应符合6.9.1.1和6.9.1.2的规定。

注:湿度试验也可作为腐蚀试验。目测试验结果,应不出现能影响测试仪性能的腐蚀痕
迹。

6.8.5　冲击试验

在表7所列条件下,按GB/T 2423.5—1995规定进行冲击试验。

6.8.6　振动试验

在表8所列条件下,按GB/T 2423.10—2008规定进行振动试验。

6.8.7　运输试验

按GB/T 6587—2012第2级别的规定进行运输试验。

6.9　电气性能试验

6.9.1　安全试验

6.9.1.1　绝缘电阻

绝缘电阻测量按如下方法进行:

a)　使用1 000 V、1 000 MΩ的绝缘电阻测试仪,测量电源输入线(相中
　　线连接到一起)与机壳之间的绝缘电阻。

b)　使用2 500 V、2 500 MΩ的绝缘电阻测试仪,测量高压输出端子与
　　外壳接地端子之间的绝缘电阻。

6.9.1.2　抗电强度

抗电强度试验按如下方法进行:

a) 出厂检验及质量一致性检验:测试仪处于非工作状态,电源开关置于接通位置。测试仪电源输入端与外壳之间施加规定的试验电压,击穿报警电流设定为 5 mA,历时 1 min。

b) 型式试验:在湿度试验后进行。测试仪在箱内(箱内的空气应搅动且箱子的设计应使得凝露不致滴在设备上)保持 48 h,然后移出(非通风设备的盖要打开),恢复至参比工作条件 2 h 后进行。

6.9.1.3 泄漏电流

按 GB 4793.1—2007 的有关规定进行,在非工作状态下,在测试仪电源任一极与可触及部件之间施加 1.06 倍的额定电压。

6.9.1.4 保护接地

按 GB 4793.1—2007 的有关规定进行,在非工作状态下,电源输入插座中的保护接地点(电源接地端子)与保护接地的所有易触及金属部件之间施加直流 25 A 或额定电源频率交流 25 A 有效值试验电流 1 min。

6.9.2 供电电源频率与电压试验

6.9.2.1 按 GB/T 6587—2012 5.12.2 规定的方法在工作温度下进行试验。

6.9.2.2 将可调电源输出置于 50 Hz、220 V,测试仪器的性能特性。

6.9.2.3 将可调电源输出频率保持在 50 Hz,将电压分别置于 198 V 和 242 V,并在这两个数值上各自至少保持 15 min 后,分别测试仪器的性能特性。

6.9.2.4 将可调电源输出电压保持在 220 V,将频率分别置于 47.5 Hz 和 52.5 Hz,并在这两个数值上各自至少保持 15 min 后,分别测试仪器的性能特性。

6.10 电磁兼容(EMC)试验

在所有电磁兼容试验中,仪表应盖上表盖和端子盖,所有需接地的部件应接地。

6.10.1 电磁骚扰(EMI)试验

6.10.1.1 电源端子骚扰电压

按照 GB/T 18268.1 和 GB 4824—2004 对 A 类设备的要求,在表 11 所列条件下在受试设备电源端口进行试验。

6.10.1.2 辐射骚扰

按照 GB/T 18268.1 对 A 类设备的要求,在表 12 所列条件下在受试设备外壳端口进行试验。

6.10.2 电磁抗扰度(EMS)试验

按照 GB/T 18268.1 及 GB/T 17626.2、GB/T 17626.4、GB/T 17626.5、GB/T 17626.11、GB/T 17626.3 和 GB/T 17626.3 的规定,在表 13 所列试验等级下进行试验。

6.11 可靠性试验

6.11.1 按 GB/T 11463—1989 的有关规定进行试验。

6.11.2 测试仪平均无故障工作时间的下限值 m_1 由生产厂家规定。

6.11.3 结果应符合 5.7 的规定。

7 检验规则

7.1 检验分类

测试仪的检验分为出厂检验、型式试验和质量一致性检验。检验试验项目及推荐的试验顺序在附录 B 中给出。

7.2 出厂检验

由制造厂技术检验部门对生产的每个系列的每个产品,按附录 B 规定的出厂检验项目进行检验。合格后加盖合格印,并给出出厂检验合格报告。

7.3 型式试验

7.3.1 试验项目和顺序

7.3.1.1 下列情况之一应进行型式试验:

 a) 新产品设计定型鉴定及批试生产定型鉴定;

 b) 当结构、工艺或主要材料有所改变,可能影响其符合本标准规定时;

 c) 停产一年以上重新投产时;

 d) 国家质量监督机关或主管部门要求进行型式检验时;

 e) 批量生产的产品应周期性(3 年)进行一次型式试验。

7.3.1.2 除非在相应条款中另有说明,所有试验应在参比条件下进行。

7.3.2 抽样方案

7.3.2.1 除非另有规定,单一产品抽样数量为 3 台;大型或价值昂贵的产品,抽样数量为 1～2 台。每个系列产品抽样数量为三分之一有代表性的规格产品;按单一产品抽样数量确定每种规格产品的抽样数量;按以上原则,数量太多的,可适当减少测试仪数量。

7.3.2.2 具有代表性的规格,由受理申请政府计量行政部门与承担试验的技术机构根据申请单位提供的技术文件确定。

7.3.3 合格判据

7.3.3.1 单台测试仪合格判定

单台测试仪的试验项目有一项以上(含一项)主要单项不合格的,该单台测试仪判定为不合格。有两项以上(含两项)非主要单项不合格的,该单台测试仪判定为不合格。

7.3.3.2 单一产品合格判定

有一台测试仪不合格时,该单一产品判为不合格。

7.3.3.3 系列产品合格判定

系列产品中,有一种规格不合格的,该系列判定为不合格。对每一规格的判定,按单一产品合格判定执行。

7.3.3.4 试验中不允许出现致命缺陷和严重缺陷。如果任何一个试验项目出现 7.5 规定的任一缺陷,则应暂停试验,并对不合格项目进行分析,找出原因并采取纠正措施后,可继续对不合格项目及相关项目进行试验。若所有试验项目都符合规定的要求,则仍判型式试验合格;若继续试验仍有某个项目不符合规定的要求,则判型式试验不合格。

7.4 质量一致性检验

7.4.1 检验项目和检验顺序

7.4.1.1 正常生产时应进行质量一致性检验,质量一致性检验每年进行一次。

7.4.1.2 检验项目及顺序见附录 B,对附录 B 中未规定应进行检验或未包括的项目也可以按需要予以增补。

7.4.2 合格判据

7.4.2.1 全部合格的产品批才能判定为质量一致性检验合格。

7.4.2.2　任一组检验被判为不合格,则产品批质量一致性检验不合格。

7.5　缺陷判定

7.5.1　对人身安全构成危险或严重损坏测试仪基本功能的缺陷应计为致命缺陷。

7.5.2　当发生下列情况时,应计为严重缺陷:

a)　检测的性能特性的误差超过本标准规定的最大允许误差;

b)　使用或操作中出现死机、掉电(非供电原因)或结构失效;

c)　内部的装配螺钉松动脱落而导致产品内部部件损坏,引起测试仪不能正常工作;

d)　剥落、破裂、损伤、缺失等造成测试仪部件性能的变化,妨碍测试仪正常操作使用;

e)　不能满足本标准规定要求的其他失效。

8　标志、包装、运输及贮存

8.1　标志

8.1.1　产品标志

每台产品的标牌应标明以下内容:

a)　产品名称、型号(规格)、出厂编号及注册日期;

注:名称及型号应经归口主管部门正式颁布。

b)　电压、电流、容量范围及准确度等级;

c)　电源的参比电压和频率;

d)　制造单位名称,详细地址及注册商标;

e)　制造许可证编号及认证标志、采用标准的编号(按国标规定);

f)　需要限制使用场合的特殊说明(仅适用于特殊用途的测试仪);

g)　产品尺寸。

8.1.2　包装标志

产品包装应标明以下内容:

a)　产品执行标准号;

b)　产品商标、名称,公司名称及详细地址;

c)　型号规格、出厂编号及尺寸大小标注;

d)　收发货标志；

    e)　"小心轻放""向上"及"怕湿"等包装储运图示标志。

8.1.3　控制和观测机构上的标志、文字、图形符号、数字和物理量代号等应清晰易读且不易擦掉，并符合相应的标准。指示、控制和观测机构的作用标志的位置应靠近相应的机构，且在使用过程中不会被遮盖。

8.2　随机文件

    随同产品应提供有关安装、用途、安全性、应用、技术要求、工作原理、测量和维修方面的说明资料；选用件、附件和可换元件清单的文件，以及合格证、装箱单等随机文件，并应符合 GB/T 16511—1996 的规定。

> 注：如果影响量极限值引起的改变量，与本标准给出的值不同时，或者影响量极限值的持续时间另有规定时，应该在产品随机文件中说明。

8.3　说明书

    说明书应遵照 GB/T 9969—2008 及 GB/T 16511—1996 的规定，应阐述如下内容：

    a)　对产品的原理，特点和用途分别作有关说明；

    b)　使用环境条件、正常工作位置；

    c)　应有独立章节说明产品的使用安全注意事项，可能出现的危险和相应的预防措施；

    d)　产品有关的维护和保养事项；

    e)　产品安装说明。

8.4　包装、运输及贮存

8.4.1　产品应按相关标准及运输部门有关包装的规定和设计图纸规定的包装方法进行包装，也可按照供需双方合同（协议）规定进行包装。测试仪应具有防护装置及不经破坏不能打开的封印，其包装应符合 GB/T 191—2008 的规定，包装材料及包装要求应符合 GB/T 13384—2008 的规定。

8.4.2　运输过程中应避免雨淋、高温、倒置及装卸搬运过程中不允许翻滚、跌落及剧烈冲击。

8.4.3　产品贮存应放在无酸、碱、易燃、易爆等有毒化学物质和其他有腐蚀性气体无易燃易爆及侵蚀性介质，且无强烈阳光照射的室内，并保证无强电磁干扰和明显的振动及冲击。

附　录　A

（规范性附录）

最大允许误差的表示及误差计算公式

A.1　数字式测试仪最大允许误差的表示

A.1.1　绝对误差表示式：

$$\Delta = \pm(a\%U_x + b\%U_m) \quad\cdots\cdots\cdots\cdots\cdots\cdots（\text{A.1}）$$

式中：

Δ ——最大允许误差（绝对值）；

U_x——测试仪的示值；

U_m——测试仪量程的满度值；

a ——与示值有关的误差系数；

b ——与量程满度值有关的误差系数。

式（A.1）应满足如下关系：

$$a \geqslant 4b \quad\cdots\cdots\cdots\cdots\cdots\cdots（\text{A.2}）$$

取 $b=0.1a$。

A.1.2　相对误差表示式：

$$\delta = \pm(a\%U_x + b\%U_m)/U_n$$
$$\approx \pm(a\%U_x + b\%U_m)/U_x$$
$$= \pm(a\% + b\%U_m/U_x) \quad\cdots\cdots\cdots\cdots\cdots\cdots（\text{A.3}）$$

式中：

δ ——最大允许误差（相对值）；

U_n——测试仪输出电压实际值。

式（A.3）应满足式（A.2）关系。

A.2　误差计算公式

A.2.1　输出电压

交直流输出电压基值误差用式（A.4）计算：

$$\delta_U = \frac{U_x - U_n}{U_n} \times 100\% \quad\cdots\cdots\cdots\cdots\cdots（\text{A.4}）$$

式中：

δ_U——输出电压相对误差；

U_x——输出电压示值，单位为千伏（kV）；

U_n——输出电压实际值，单位为千伏（kV）。

A.2.2 击穿报警电流

交直流击穿报警电流基值误差用式（A.5）计算：

$$\delta_I = \frac{I_x - I_n}{I_n} \times 100\% \qquad \cdots\cdots\cdots\cdots\cdots（A.5）$$

式中：

δ_I——击穿报警电流相对误差；

I_X——击穿报警电流示值，单位为毫安（mA）；

I_n——击穿报警电流实际值，单位为毫安（mA）。

A.2.3 输出电压持续（保持）时间

输出电压持续（保持）时间基值误差用式（A.6）计算：

$$\delta_T = \frac{T_x - T_n}{T_n} \times 100\% \qquad \cdots\cdots\cdots\cdots\cdots（A.6）$$

式中：

δ_T——持续（保持）时间相对误差；

T_X——持续（保持）时间设定示值，单位为秒（s）；

T_n——持续（保持）时间实际值，单位为秒（s）。

附 录 B

（规范性附录）

试验项目及推荐的试验顺序

B.1 测试仪试验项目及推荐的试验顺序

项目序号	检验项目	本标准章条号		出厂检验	型式试验	质量一致性检验
		技术要求	试验方法			
1	一般检查	5.3	6.2	●	●	●
1.1	外观标志及结构的检查	5.3.1.1～5.3.1.2.1	6.2.1	●	●	●
1.2	散热和通风	5.3.1.2.2	6.2.2	※●	※●	○
1.3	指示和显示的检查	5.3.2	6.2.3	●	●	●
2	分辨力检查	5.1.2	6.3	●	＊●	○
3	最大输出电流与短路电流检查	5.1.3	6.6	●	＊●	●
4	准确度试验	5.1.1	6.4	●	＊●	●
4.1	输出电压	5.1.1.2.1	6.4.2	●	＊●	●
4.2	击穿报警电流	5.1.1.2.2	6.4.3	●	＊●	●
4.3	输出电压持续（保持）时间	5.1.1.2.3	6.4.4	●	＊●	●
4.4	直流输出电压纹波系数	5.1.1.2.4	6.4.5	※●	＊※●	※○
4.5	交流输出电压失真度	5.1.1.2.5	6.4.6	※●	＊※●	※○
4.6	交流输出电压频率	5.1.1.2.6	6.4.7	※●	＊※●	※○
4.7	实际输出容量	5.1.1.2.7	6.4.8	●	＊●	○
5	功能检查	5.2	6.5	●	＊●	●
5.1	报警功能	5.2.1	6.5.1	●	＊●	●
5.2	定时功能	5.2.2	6.5.2	●	＊●	●
5.3	复位功能	5.2.3	6.5.3	●	＊●	●
5.4	其他功能	5.2.4	6.5.4	※●	＊※●	※●
6	影响量试验	5.1.1.3～5.1.1.4	6.7	●	＊●	○

表 B.1 （续）

项目序号	检验项目	本标准章条号		出厂检验	型式试验	质量一致性检验
		技术要求	试验方法			
7	环境适应性试验	5.4、5.3.3～5.3.5	6.8	○	＊●	○
7.1	温度变化试验	5.4.1	6.8.1	○	＊●	○
7.2	高温试验	5.4.1	6.8.2	○	＊●	○
7.3	低温试验	5.4.1	6.8.3	○	＊●	○
7.4	交变湿热试验	5.4.2	6.8.4	○	＊●	○
7.5	冲击试验	5.3.3	6.8.5	○	＊●	○
7.6	振动试验	5.3.4	6.8.6	○	＊●	○
7.7	运输试验	5.3.5	6.8.7	○	＊●	○
8	电气性能试验	5.5	6.9	●	＊●	○
8.1	安全试验	5.5.1～5.5.3	6.9.1	●	＊●	○
8.1.1	绝缘电阻	5.5.3.1	6.9.1.1	●	＊●	○
8.1.2	抗电强度	5.5.3.2	6.9.1.2	●	＊●	○
8.1.3	泄漏电流	5.5.3.3	6.9.1.3	●	＊●	○
8.1.4	保护接地	5.5.3.4	6.9.1.4	●	＊●	○
8.2	电源频率与电压试验	5.5.4	6.9.2	○	＊●	○
9	电磁兼容试验	5.6	6.10	○	＊※●	○
10	可靠性试验	5.7	6.11	○	＊●	○
11	包装、运输及储存	8	8	●	●	○

注 1："●"表示必须进行的试验；"○"表示不需要进行的试验。

注 2：带"※"项试验适用于具有相应功能或要求的测试仪。

注 3：标"＊"的为主要单项。

参考文献

1　张勤,王新军,曹瑞基,等.耐电压测试仪检定及应用[M].北京:中国计量出版社,2010.

2　张勤,曹瑞基.计量检测人员培训教材·第六分册[M].北京:中国计量出版社,2007.

3　张勤,曹瑞基.如何正确理解、执行《耐电压测试仪》检定规程[J].计量技术,2006(11).

4　汪心妍,曹瑞基,等.JJG795—2016《耐电压测试仪检定规程》解读[J].计量技术,2018(6).

5　IEC 60335—1 (Ed. 5. 0). Household and similar electrical appliances—Safety—Part 1: General requirements. IEC, Geneva, Switzerland, 2010.

6　UL 471 BULLETIN:2016. Commercial Refrigerators and Freezers. UL, Chicago, USA, 2016.

7　UL 923 BULLETIN:2017 Microwave cooking appliances. UL, Chicago, USA, 2017.

8　GB/T 191—2008(ISO 780:1997,MOD) 包装储运图示标志 [S].

9　GB/T 2423.1—2008(IEC 60068—2—1:2007,IDT) 电工电子产品环境试验　第2部分:试验方法　试验A:低温 [S].

10　GB/T 2423.2—2008(IEC 60068—2—2:2007,IDT) 电工电子产品环境试验　第2部分:试验方法　试验B:高温 [S].

11　GB/T 2423.4—2008(IEC 60068—2—30:2005,IDT) 电工电子产品环境试验　第2部分:试验方法　试验Db 交变湿热(12h+12h 循环) [S].

12　GB/T 2423.5—1995(IEC 60068—2—27:1987,IDT) 电工电子产品环境试验　第2部分:试验方法　试验Ea 和导则:冲击 [S].

13　GB/T 2423.10—2008(IEC 60068—2—6:1995,IDT) 电工电子产品环

境试验　第 2 部分:试验方法　试验 Fc 和导则:振动(正弦)[S].

14　GB/T 2423.22—2012(IEC 60068－2－14:2009,IDT)电工电子产品基本环境试验　第 2 部分:试验方法　试验 N:温度变化[S].

15　GB 4208—2008(IEC 60529:2001,IDT)外壳防护等级(IP 代码)[S].

16　GB 4208—2017(IEC 60529:2013,IDT)外壳防护等级(IP 代码)[S].

17　GB 4706.1—2005[IEC 60335－1:2004(Ed 4.1),IDT]家用和类似用途电器的安全　第 1 部分:通用要求[S].

18　GB 4793.1—2007(IEC 61010－1:2001,IDT)测量、控制和实验室用电气设备的安全要求　第 1 部分:通用要求[S].

19　GB 4824—2013(CISPR 11:2010,IDT)工业、科学和医疗(ISM)射频设备　磁骚扰特性　限值和测量方法[S].

20　GB 4943.1—2011(IEC 60950－1:2005,MOD)信息技术设备　安全　第 1 部分:通用要求[S].

21　GB/T 6587—2012 电子测量仪器通用规范[S].

22　GB 7000.1—2015(IEC 60598－1:2014,IDT)灯具　第 1 部分:一般要求与试验[S].

23　GB 8898—2011(IEC 60065:2005,MOD)音频、视频及类似电子设备安全要求[S].

24　GB 9706.1—2007(IEC 60601－1:1988,IDT)医用电气设备　第 1 部分:安全通用要求[S].

25　GB/T 9969—2008 工业产品使用说明书　总则[S].

26　GB/T 11463—1989 电子测量仪器可靠性试验[S].

27　GB/T 12113—2003(IEC 60990:1999,IDT)接触电流和保护导体电流的测量方法[S].

28　GB/T 13384—2008 机电产品包装通用技术条件[S].

29　GB/T 13426—1992 数字通信设备的可靠性要求和试验方法[S].

30　GB/T 16511—1996(IEC 1187:1993,IDT)电气和电子测量设备随机文件[S].

31　GB/T 17626.2—2006(IEC 61000－4－2:2001,IDT)电磁兼容　试验和测量技术　静电放电抗扰度试验[S].

32　GB/T 17626.2—2018(IEC 61000－4－2:2008,IDT)电磁兼容　试验

和测量技术　静电放电抗扰度试验［S］.

33　GB/T 17626.3—2006（IEC 61000－4－3：2002，IDT）电磁兼容　试验和测量技术　射频电磁场辐射抗扰度试验［S］.

34　GB/T 17626.3—2016（IEC 61000－4－3：2010，IDT）电磁兼容　试验和测量技术　射频电磁场辐射抗扰度试验［S］.

35　GB/T 17626.4—2008（IEC 61000－4－4：2004，IDT）电磁兼容　试验和测量技术　电快速瞬变脉冲群抗扰度试验［S］.

36　GB/T 17626.4—2018（IEC 61000－4－4：2004，IDT）电磁兼容　试验和测量技术　电快速瞬变脉冲群抗扰度试验［S］.

37　GB/T 17626.5—2008（IEC 61000－4－5：2005，IDT）电磁兼容　试验和测量技术　浪涌（冲击）抗扰度试验［S］.

38　GB/T 17626.6—2008（IEC 61000－4－6：2006，IDT）电磁兼容　试验和测量技术　射频场感应的传导骚扰度试验［S］.

39　GB/T 17626.6—2017（IEC 61000－4－6：2013，IDT）电磁兼容　试验和测量技术　射频场感应的传导骚扰度试验［S］.

40　GB/T 17626.11—2008（IEC 61000－4－11：2004，IDT）电磁兼容　试验和测量技术　电压暂降、短时中断和电压变化的抗扰度试验［S］.

41　GB/T 18268.1—2010（IEC 61326－1：2005，IDT）测量、控制和实验室用的电设备　电磁兼容性要求　第一部分：通用要求［S］.

42　GB/T 32192—2015 耐电压测试仪［S］.

43　JJF 1378—2012 耐电压测试仪型式评价大纲［S］.

44　JJG 795—2016 耐电压测试仪［S］.

45　JJG 843—2007 泄漏电流测试仪［S］.

青岛仪迪电子有限公司成立于 1998 年，是国家高新技术企业、双软企业，并荣获中国优秀软件产品称号。20多年来，公司致力于电子测量仪器的研发、制造和销售，拥有多个系列高端检测仪器产品，并拥有发明专利等知识产权 30 余项，产品满足国内需求的同时远销 30 多个国家和地区。公司产品包括：全自动高速安规测试仪器、高精度智能变频电源、电机测试系统、多功能功率分析仪等。奋斗 20 年迎来了新起点和新征程，我们会用一流的人才、一流的产品、一流的服务继续和各行业朋友们并肩前进，共创辉煌！

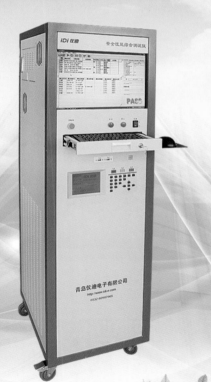

MN428X 系列 安全性能综合测试仪（MES 系统）

1. 符合 GB4706.1、GB9706.1、GB4793.1、IEC60335-1、UL60335-1 等电气安全通用标准测试要求；

2. 19″真彩液晶显示（可选触摸屏），ESRS 专家软件；

3. 安规测试基本精度 1.5%，电参测量精度 0.5%；

4. 测试速度快，六项功能测试 4.6s 完成；

5. 内置电源时电压和频率可设置，满足国内外产品检测需求；

6. 接口功能丰富，满足自动化测试需求；

7. 可对接 MES 系统，将测试信息及测试数据自动上传，通过对被测产品的数字化，网络化和动态化管理，实现对产品质量的管控和追溯，有效提高企业制造和生产质量；

8. 广泛应用于家电、灯具、电动工具等行业。

电话： **400-8119767**
传真： 0532-80997977
邮箱： idi@idi-e.com
网站： www.idi-e.com
地址： 青岛市城阳区王沙路88号

仪迪 IDI6888 系列

安全性能综合分析仪(智能型)

1. 八合一功能：交流耐压、直流耐压、绝缘电阻、接地、泄漏、功率、低启、开短路；
2. 精度高：安规基本精度1%，功率模块精度0.2%；
3. 测试速度快：接地与耐压/绝缘并行测试，泄漏与功率并行测试，可选配双工位并行测试，效率更加优化；
4. 输入智能提醒：自动记录用户的各项常用参数设置，并能智能快速输入；
5. USB接口，可快速复制设定参数、输出测试结果，在线升级程序等；
6. 支持条码扫描接口，能够实现快速选组、数据存储等功能。

微信

网站